高等教育土木类专业系列教材

中国新城建产教联盟推荐教材

工程结构监测基础与实践

GONGCHENG JIEGOU JIANCE JICHU YU SHIJIAN

主编：阳 洋 罗 洋 刘宇飞 许绍乾

重庆大学出版社

内容提要

本书以土木工程结构监测技术为主要内容,以常见的各种工程结构为具体应用对象编写而成。全书主要分为三部分。第一部分是工程结构监测的基础内容,主要内容包括工程结构光纤超声波监测、基础声发射监测、基础应力应变监测、表面裂缝检测监测,以及基础监测数据分析等。第二部分是实践部分,介绍了16个应用实验,包括超声波测距、振动监测、电压监测、应变监测等。第三部分是实例讲解,以重庆三圣特大桥监测项目为例来讲解智能设备在土木工程监测中的应用。

本书可用作高等学校本科和研究生土建类各专业的教材,也可供应用型本科院校、高等职业学院等学校师生参考使用,还可供相关土建工程技术人员学习使用。

图书在版编目(CIP)数据

工程结构监测基础与实践 / 阳洋等主编. -- 重庆:
重庆大学出版社,2023.10
高等教育土木类专业系列教材
ISBN 978-7-5689-4193-8

Ⅰ.①工… Ⅱ.①阳… Ⅲ.①土木工程—工程结构—
监测—高等学校—教材 Ⅳ.①TU317

中国国家版本馆 CIP 数据核字(2023)第 186882 号

高等教育土木类专业系列教材
工程结构监测基础与实践
GONGCHENG JIEGOU JIANCE JICHU YU SHIJIAN
主 编 阳 洋 罗 洋 刘宇飞 许绍乾
责任编辑:夏 雪 版式设计:夏 雪
责任校对:刘志刚 责任印制:赵 晟
*
重庆大学出版社出版发行
出版人:陈晓阳
社址:重庆市沙坪坝区大学城西路 21 号
邮编:401331
电话:(023)88617190 88617185(中小学)
传真:(023)88617186 88617166
网址:http://www.cqup.com.cn
邮箱:fxk@ cqup.com.cn(营销中心)
全国新华书店经销
重庆新华印刷厂有限公司印刷
*
开本:787mm×1092mm 1/16 印张:7.75 字数:195 千
2023 年 10 月第 1 版 2023 年 10 月第 1 次印刷
ISBN 978-7-5689-4193-8 定价:30.00 元

前　言

当前,土木工程结构老化、结构功能改变,以及不可抗力因素产生的结构损伤问题逐步显现,部分基础设施安全隐患已引起社会广泛关注,工程结构监测技术显得更加重要。同时,围绕国家提出的智慧城市、智慧交通、智慧能源领域建设,土木工程结构监测技术已成为一门交叉融合智能化学科,与数字经济、人工智能、大数据、新装备、智能机器人等新兴动能行业紧密相关。通过工程结构监测技术保证土木工程建设与运维安全,了解结构在全寿命周期各阶段是否达到设计可靠度,可助推在土木工程基础设施中形成战略性新兴产业场景生态应用,形成智能建造与智能运维的监测特色,有力确保土木工程结构的长期安全可靠。

现阶段工程结构监测需求量越来越大,已从结构传统检测逐步形成检测监测一体化实施,从结构局部阶段性监测向整体全生命周期监测过渡,从单一工程结构监测迈入不同行业不同结构类型集群化监测。编者团队从事土木工程结构监测领域研究及应用工作近二十年,第一主编目前担任中国新城建产教联盟理事长,编者团队在调研中发现研究生在本领域的理论算法偏多、实践经验不足;本科生缺少系统性培训,相关教材亟待补充完善;高职学生在本领域的课程教学也较少,学生理论知识学习与实践均不匹配。编者意识到结构监测领域技术发展与现代化教育的衔接性不足,也发现结构监测领域人才培养需要层次化,课程建设需要体系化。本书作为工程结构监测领域的实验类教材,通过讲解工程结构监测传感设备的认知操作,旨在培养学生对工程结构监测的认识和动手实践能力,激发学生对本领域研究的原始兴趣动力,为工程结构监测领域,特别是测试安装分析队伍提供急需的后备人才梯队。

本教材在符合国家现行规范标准的前提下,力求突出工程结构监测行业特色,反映现代土木工程智能化监测的新技术、新工艺,适应土木工程专业教育的需要。本教材也可为在土木工程结构监测实际项目中开展实习打下坚实基础,成为学校、科研机构、上下游企业等共同参与的产教联合体教育的参考用书,助推搭建一体化智能化应用平台、智慧教育教学平台,在促进工程结构监测技术现代制造业集群体系建设中起到一定助推作用。

本教材分为工程结构监测基础和实践,以及实例讲解三大部分。实践部分是对应理论部分设立的,目的是让学生将理论转换为实践运用,二者是紧密联系在一起,侧重理论与实践相结合的教学方式。其中,基础部分由清华大学土木工程系刘宇飞、重庆大学土木工程学院/溧阳智慧城市研究院阳洋、重庆大学土木工程学院许绍乾、重庆大学土木工程学院杨阳(女)、重庆大学机械与运载工程学院罗洋撰写;实践部分由阳洋、罗洋、重庆甲虫网络科技有限公司孟驰力、刘宇飞撰写;实例讲解部分由阳洋撰写。全书由阳洋和罗洋统稿完成。

本书的教学 PPT 可在重庆大学出版社官方网站上下载。

在编写过程中,本书得到了重庆大学教学改革研究项目——非土木工程专业工程结构基础认知教学与实践(2020Y+38)的支持,在此表示诚挚的感谢。

鉴于编者水平有限,本书目前在重庆大学开展了一届本科生教学训练,通过软硬件实训让学生对工程结构监测产生了初步兴趣,虽然学生反响热烈,但教学中仍然发现诸多不足之处,需要在实践中不断丰富和发展教学经验,完善相关教材内容,书中难免有疏漏及不妥之处,欢迎读者朋友批评指正,编者的联系邮箱为 yangyangcqu@ cqu. edu. cn。

阳洋　罗洋　刘宇飞　许绍乾

2023 年 4 月 11 日

目　录

第一部分　工程结构监测基础

第二部分 工程结构监测实践

第三部分 实例讲解

第一部分
工程结构监测基础

第 **1** 章
绪 论

1.1 工程结构监测的意义

目前,我国正处于快速城市化建设、大规模基础设施建设和重大建筑工程项目建设发展的高峰期,工程建设的发展与人民的生活息息相关。这些建筑物的结构往往比较复杂,在建造和使用过程中,建筑结构可能会受到多种因素的影响,从而导致建筑结构抵御自然灾害甚至正常运维作业的能力下降,其中带来影响的主要原因有:人为因素、环境侵蚀、材料老化和长期荷载作用。如果不通过监测技术加以控制,一旦发生工程质量事故,如房屋和桥梁的倾斜、塌陷、倒塌,将会带来极大的经济损失和极其严重的社会影响,甚至还会危及人们的生命安全,如图1.1所示。

结构工程,特别是大型结构工程主要包括体育场、大型厂房、商场、超市、工业建筑等。该类工程是人员特别集中地带,结构形态各式各样,受力情况复杂,一旦出现问题,极有可能会造成大量的人员伤亡和严重的财产损失。因此,开展工程结构监测的工作意义重大。针对钢结构,主要对其钢结构杆件的受力状态、整体沉降、倾斜、变形、振动及环境因素进行监测预警;针对混凝土结构,主要对结构应力、柱体倾斜、振动、整体沉降及环境因素等进行监测预警。通过监测系统进行数据实时采集,对整体结构物进行实时状态监测,对异常值进行预警。通过短信报警(须预设负责人员手机号码)、软件弹出框报警、声光警报器等方式实现实时预警,便于管理方提前疏散人群。

（a）房屋倒塌　　　　　　　　　　　　　　（b）桥梁倒塌

图 1.1　房屋和桥梁的倒塌

　　工程结构监测是一项综合应用土木工程、计算机科学、电子技术等多个领域知识的技术。它利用传感器、监测设备等技术手段对工程结构进行实时监测和分析，可以为工程结构的设计、施工、使用和维护提供可靠的技术保障。工程结构监测主要有以下 6 个优点。

　　（1）优化工程结构设计

　　工程结构监测技术可以为工程结构的设计提供可靠的数据支持。在设计阶段，监测系统可以通过实时监测结构的应力、振动等参数，帮助工程师和设计师了解结构的受力情况、疲劳状态和耐久性等关键参数，优化设计方案，避免出现设计缺陷和结构问题。在建筑设计中，监测系统可以对建筑外形、高度、内部构造等参数进行实时监测，确保建筑结构的稳定性和安全性。

　　（2）提高工程结构的安全性

　　工程结构监测技术可以及时发现工程结构问题，并采取措施加以解决，从而提高工程结构的安全性。在传统的结构监测方式中，人工巡检和定期检查是主要手段，但是这种方法的效率和可靠性十分有限。监测系统可以实时监测结构的变形、振动、应力等关键参数，通过数据分析和模拟，及时发现结构问题，预测可能出现的风险，并提出相应的解决方案，降低甚至避免因负载超限、地震、风灾等原因引发安全事故的可能性。

　　（3）降低工程维护成本

　　工程结构监测技术可以大大降低工程维护成本。传统的结构监测方式需要定期进行人工巡检，而监测系统可以自动进行监测和数据分析，大大降低了人工巡检的成本。此外，工程结构监测技术能够实现对工程结构的远程监测和管理，有效地降低了维护成本。通过实时监测和分析，工程管理人员可以及时了解工程结构的健康状况，避免因为缺乏对工程结构的监测而导致维护费用的增加。

　　（4）提高工程结构的可持续性

　　工程结构监测技术可以提高工程结构的可持续性。通过实时监测和分析，可以及时了解工程结构的健康状况，及时采取修复和加固措施，延长工程寿命，减少废弃和重建的需求，减少资源浪费和环境污染。此外，工程结构监测技术还可以对工程结构的设计和施工进行优化,提高工程结构的耐久性和可持续性。

(5)促进工程结构的科技创新

工程结构监测技术是一项高科技产业,涉及传感器技术、数据采集与处理技术、模型分析与优化技术等多个领域的知识。这种技术的发展促进了工程领域和科技领域的融合和协同创新。同时,工程结构监测技术的发展也为相关产业提供了更多的机会和市场。

(6)保障人民群众的生命财产安全

工程结构监测技术可以为人民群众的生命财产安全提供可靠保障。在工程领域,监测技术可以实时监测工程结构的安全状态,及时发现和处理潜在的危险。在自然灾害发生时,如发生地震、台风等,监测系统可以及时预警和响应,减少或避免人员伤亡和财产损失。

总之,工程结构监测技术在提高工程结构安全性、降低维护成本、提高工程结构的可持续性、促进科技创新、保障人民群众生命财产安全等方面都具有重要的意义。随着社会的不断发展,监测技术将会得到更加广泛的应用和推广,为社会的发展和进步作出更大的贡献。

1.2　工程结构监测的应用范围

工程结构监测广泛应用于土木工程中的建筑结构、道路桥梁、隧道和地下工程、水电站和风力发电厂、海洋平台和油田设施等。重大工程结构(如超大跨桥梁、超大跨空间结构、城市超高层建筑、大型水利工程、大型海洋平台结构以及核电站建筑等)使用期长达几十年,甚至上百年,环境侵蚀、材料老化和荷载的长期效应、疲劳效应与突变效应等灾害因素的耦合作用将不可避免地导致结构和系统的损伤积累和抗力衰减,从而降低其抵抗自然灾害,甚至正常环境作用的能力,极端情况下甚至会引发灾难性的突发事故。因此,为了保障结构的安全性、完整性、适用性与耐久性,已建成使用的许多重大工程结构和基础设施急需采用有效的手段来监测和评定其安全状况,并及时加以修复或控制损伤。对新建的大型结构和基础设施,在总结以往的经验和教训的基础上,可以在工程建设的同时增设长期的健康监测系统和损伤控制系统,以监测结构的服役安全状况,并为研究结构服役期间的损伤演化规律提供有效的、直接的方法。

▶　1.2.1　建筑结构

建筑是城市建设的重要组成部分,由于其规模通常较大和结构的复杂性,工程结构监测技术在大型建筑上的应用也变得越来越重要,其具体应用有以下4点:

(1)结构安全监测

工程结构监测技术可以通过安装传感器、摄像头、加速度计等设备对大型建筑的结构安全进行实时监测。监测的内容包括结构的变形、应力、振动等。一旦监测到异常,系统会及时向管理人员发出警报,提醒管理人员采取必要的措施进行修复和维护,确保大型建筑的结构安全。

（2）施工质量控制

在建筑的施工过程中，工程结构监测技术也可以用于施工质量控制。通过在建筑物结构的关键位置安装传感器和摄像头等设备，可以实时监测施工过程中的质量，包括混凝土强度、结构尺寸和几何形状等。如果发现施工质量有问题，可以及时纠正，确保建筑物结构的质量和稳定性。

（3）节能减排

工程结构监测技术还可以用于建筑结构的节能减排。通过监测建筑物的能耗数据和环境参数，如室内温度、湿度等，系统可以自动控制建筑物的能源消耗，达到节能减排的目的。例如，可以自动调控空调系统的温度和湿度，或者自动开启和关闭照明设备，以提高建筑物的能源利用效率。

（4）设备监测与维护

建筑结构中的机械设备和电气设备也需要进行实时监测和维护。通过工程结构监测技术，可以对这些设备的运行状态、能耗等进行监测，并在设备出现故障或需要维护时，向管理人员发出警报，这样可以及时发现问题并进行修复和维护，提高设备的可靠性和延长使用寿命。

▶ **1.2.2 道路桥梁**

道路桥梁是交通运输的重要组成部分，其结构安全和稳定性是关系人民生命财产安全的重要问题。工程结构监测技术在道路桥梁中的具体应用有以下4点：

（1）结构安全监测

工程结构监测技术可以通过在道路桥梁上安装传感器、摄像头等设备对其结构安全进行实时监测。监测内容包括道路桥梁的振动、应力、变形等。一旦监测到异常，系统会及时向管理人员发出警报，提醒管理人员采取必要的措施进行修复和维护，确保道路桥梁的结构安全。

（2）运行安全监测

道路桥梁的运行安全也需要进行监测。通过工程结构监测技术，可以对桥梁的运行状态进行实时监测。例如，可以监测桥面的振动和位移，或者监测桥墩的变形和应力等。如果发现桥梁的运行状态异常，系统会及时向管理人员发出警报，以便其采取必要的措施进行修复和维护，确保道路桥梁的运行安全。

（3）环境监测

工程结构监测技术还可以用于道路桥梁周围环境的监测。通过监测大气、水质和噪声等环境参数，可以了解周围环境的情况，及时发现并处理可能对桥梁结构和运行安全产生影响的环境问题。例如，可以监测大气中的颗粒物和有害气体浓度，便于管理人员及时采取减排措施，以减少它们对桥梁结构的腐蚀和损害。

（4）智能运维

利用工程结构监测技术的智能化特点，还可以实现道路桥梁的智能运维。通过对桥梁的监测数据进行分析和处理，可以实现对桥梁的远程监测和运维。例如，可以通过自动化的监测系统对桥梁的结构变化进行实时监测，并通过智能算法对监测数据进行分析，提前发现潜在的故障和隐患，从而提高运维效率和延长桥梁的使用寿命。

▶ **1.2.3 地下隧道和地铁**

在地下隧道和地铁等工程中,工程结构监测可以应用于以下 4 个方面:

(1)地质勘探和预测

在地下隧道和地铁建设前,需要进行地质勘探和预测,以确定地下地质结构、水文地质条件、地下水位等情况。监测技术可以通过各种传感器采集地质数据,对地下结构进行三维建模和仿真分析,帮助工程师更好地了解地质情况,制订更合理的施工方案。

(2)施工监测

在地下隧道和地铁施工过程中,需要对各种施工工艺和材料进行监测。监测技术可以通过各种传感器监测隧道开挖、支护、注浆、拱顶砌筑等施工过程中的变形、应力和温度等参数,并及时报警和反馈,帮助工程师及时掌握施工情况,防范施工事故的发生。

(3)结构安全监测

地下隧道和地铁的结构安全至关重要。监测技术可以通过各种传感器对隧道和地铁结构的各种参数进行监测,还可以对轨道的几何形状、高度、坡度、曲率等参数进行实时分析,并及时报警和反馈,帮助工程师及时采取措施,保证结构的安全和稳定。

(4)环境监测

地下隧道和地铁建设对周围环境的影响也是需要关注的。监测技术可以通过各种传感器监测地下水位、土壤稳定性、噪声、振动、空气质量等参数,还有地铁隧道内部的温度、湿度、空气质量、烟雾等监测指标,并及时报警和反馈,帮助工程师及时采取环保措施,减少对周围环境的影响。

▶ **1.2.4 水电站和风力发电厂**

在水电站和风力发电厂工程中,工程结构监测可以应用于以下 6 个方面:

(1)水闸、堤坝、电站大坝等水利设施的安全性监测

通过安装压力传感器、位移传感器、加速度传感器等,可以实时监测水利设施的运行状态和安全性,及时发现异常情况并采取措施,避免事故的发生。

(2)发电机组、水轮机等设备的状态监测

通过安装振动传感器、温度传感器等,可以实时监测发电机组、水轮机等设备的运行状态和健康状况,及时发现故障并采取维修措施,确保设备的正常运行。

(3)河道水位、水温等参数的监测

通过安装水位计、水温计等传感器,可以实时监测河道水位、水温等参数,及时发现水位波动、水温变化等异常情况,为水电站的调度管理提供数据支持。

(4)风力发电机组的状态监测

通过安装振动传感器、温度传感器等,可以实时监测风力发电机组的运行状态和健康状况,及时发现故障并采取维修措施,确保风力发电机组的正常运行。

(5)风机塔筒、叶片等结构的安全性监测

通过安装倾斜传感器、位移传感器等,可以实时监测风机塔筒、叶片等结构的运行状态和安全性,及时发现异常情况并采取措施,避免事故的发生。

（6）风速、温度等参数的监测

通过安装风速计、温度计等传感器，可以实时监测风速、温度等参数，及时发现风速波动、温度变化等异常情况，为风力发电厂的调度管理提供数据支持。

▶ 1.2.5　海洋平台和油田设施

工程结构监测在海洋平台和油田设施中的应用主要包括以下5个方面：

（1）海洋平台建设监测

在海洋平台建设前，需要对海底地质情况进行勘探和预测，以确定平台建设的位置和方式。监测技术可以通过各种传感器采集海底地质数据，对海底结构进行三维建模和仿真分析，帮助工程师更好地了解海底情况，制订更合理的建设方案。

（2）施工监测

海洋平台建设过程中需要对各种施工工艺和材料进行监测。监测技术可以通过各种传感器监测海洋平台的钻井、水下爆破、吊装等施工过程中的变形、应力和温度等参数，并及时报警和反馈，帮助工程师及时掌握施工情况，防范施工事故的发生。

（3）结构监测

海洋平台和油田设施的结构安全至关重要。监测技术可以通过各种传感器对平台和设施的变形、裂缝、应力、振动等参数进行监测和分析，并及时报警和反馈，帮助工程师及时采取措施，保证结构的安全和稳定。

（4）环境监测

海洋平台和油田设施的建设和运营对海洋环境的影响也是需要关注的。监测技术可以通过各种传感器监测海洋环境参数，例如海水温度、盐度、pH 值、氧气含量、水流等，并及时报警和反馈，帮助工程师及时采取环保措施，减小对海洋环境的影响。

（5）设备运行监测

海洋平台和油田设施中的设备需要经常运行维护，监测技术可以通过各种传感器监测设备的温度、压力、振动、电流等参数，并及时报警和反馈，帮助工程师及时进行维护和修理，保证设备的正常运行。

1.3　工程结构监测系统的组成

工程结构监测系统是一个综合性的监测系统，涉及许多不同的研究领域，包括传感器（用于感知结构物的状态，如位移、振动、应变、温度、湿度等）；数据采集器（将传感器采集到的数据进行处理和转换，将其转换为数字信号或数据流，便于存储和分析），采集器的类型和性能与传感器配合使用，也与数据的处理方式和频率有关；数据传输系统（将采集到的数据传输到数据处理中心，可以选择有线或无线方式），常见的传输方式包括以太网、Wi-Fi、蓝牙、LoRa（远距离无线电，Long Range Radio）等；数据处理中心（将传感器采集到的数据进行处理、存储、分析和展示），通常包括数据存储服务器、数据处理服务器、算法库、可视化界面等组成部分。数据处理中心也可以是云平台，用户可以通过互联网访问并使用其提供的服务；软件系统(实现数据处理、分析和可视化展示),根据具体的应用场景,它具有包括数据分析算法、结构状态识别、健康监测、安全预警等多种功能;人机交互界面(提供给用户对数据的可视化展示和交互操作界面),用户可以通过界面实时查看结构物的状态、接收预警信息、设置监测参数等,人机交互界面可以是软件应用程序、Web 页面、手机应用等多种形式。

工程结构监测系统所涉及的领域可分为传感器子系统、数据采集与传输子系统、分析与预警子系统、数据管理子系统 4 大部分。各子系统独自承担监测的不同功能,它们之间协同工作,共同完成对结构的监测和安全评估以及预警功能。

(1)传感器子系统

该系统即为硬件系统,包括各种传感器、信号放大处理设备和连接器材。其功能为感知待测物理量并按一定的规律转变为可识别的信号。传感器子系统处于监测系统的最前端,它决定了数据采集设备和数据采集软件的选用。

(2)数据采集与传输子系统

该系统包括硬件和软件两部分。硬件包括采集数据的设备和转换信号的设备等,软件包括进行信号采集的软件和数据管理软件等。其功能是通过数据采集设备将传感器的信号进行采集传输,转化为计算机可识别的数据并传送给数据管理系统。数据采集与传输子系统处于监测系统的中心地位,是连接传感器子系统和数据管理子系统的桥梁。

(3)分析与预警子系统

该系统是利用数据处理平台,对结构实时获取的数据进行分析计算,从而进行预警的模块。分析与预警子系统通过软件对监测数据进行分析,确定各种环境指标(如温度和湿度)、结构指标(如结构损伤的位置和程度)、变形指标(如沉降和裂缝),从而对结构状态进行评定,并发出报警信息。

(4)数据管理子系统

数据管理子系统的核心为中心数据库,将各子系统的监测信息保存到中心数据库中,对数据进行统一集中管理,并实现系统间的数据交互,使各子系统协同完成监测目标。

工程结构监测系统的各子系统之间的关系如图 1.2 所示。

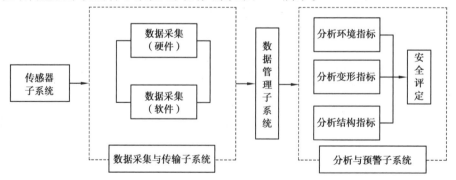

图 1.2 工程结构监测系统的各子系统间的关系

思考题

1.1 工程结构监测技术相较于传统人为监测的手段,有哪些优点? 有何不足之处?

1.2 试讨论还有哪些地方能应用监测系统?

1.3 工程结构监测系统由哪几部分组成?

第 2 章

工程结构光纤光栅监测

2.1 光纤光栅传感器监测原理

▶ 2.1.1 光纤光栅传感器

光纤光栅是利用光纤材料的光敏性(外界入射光子和纤芯内锗离子相互作用引起折射率的永久性变化),在纤芯内形成空间相位光栅,其作用实质上是在纤芯内形成一个窄带的(透射或反射)滤波器或反射镜,使得光在其中的传播行为能得以改变和控制。光纤光栅传感器是在光纤光栅的基础上发展起来的一种波长调制型光学传感器,它不仅具有光纤传感器所有的优点,而且有光纤光栅检测信息为波长编码的具有 $10^{-6} \sim 10^{-2}$ 四个数量级线性响应的绝对测量和良好的重复性主要优势。其插入损耗低和窄带的波长反射,提供了在一根单模光纤上复用多个光纤光栅的可能性,便于构成光纤传感网络,实现光纤网络中的星形、串联、并联和环形连接等优点,是光纤传感器中的研究亮点。光纤光栅的常见分类如下:

(1)按光纤光栅的周期分类

根据光栅周期的长短,把周期小于 1 μm 的光纤光栅称为短周期光纤光栅,又称为光纤布拉格光栅(Fiber Bragg Grating,FBG);而把周期为几十到几百微米的光纤光栅称为长周期光纤光栅(Long-Period Grating,LPG)。FBG 中传输方向相反的两个模式之间发生耦合,因此 FBG 是一种反射型工作器件,其功能实质上是在光纤内的一个窄带反射镜。LPG 中耦合发生在同向传输的纤芯导模和包层模之间,包层模很快损失,因此 LPG 基本上没有后向反射,在其透射谱中有几个特定波长的吸收峰。LPG 是一种透射型工作器件,其功能实质上是透射型带阻滤波器,是掺铒光纤放大器(Erbium-Doped Fiber Amplifier,EDFA)增益平坦和光纤传感器的理想元件。

(2)按光纤光栅的轴向折射率分布分类

①均匀光纤光栅(Uniform Fiber Grating)。它是最早发展起来的一种光栅,也是最常见的光栅,其栅格周期与折射率调制深度均为常数,其光栅周期一般为几百纳米,光栅波矢方向与光纤轴线方向一致。这种光纤光栅具有较窄的反射带宽(约 10^{-1} nm)和较高的反射率(约100%),其反射谱具有对称的边模旁瓣。

②闪耀光纤光栅(Blazed Fiber Grating)。也称为倾斜光纤光栅(Tilted Fiber Grating)。在光栅制作过程中,光栅波矢方向与光纤轴不严格垂直,导致光栅条纹与光纤轴有一个小角度。闪耀光栅不仅引起反向导波模耦合,还将基模耦合至包层模中或辐射模中。于是在光栅传输曲线上,布拉格波长的短波方向会出现一系列损耗带,其强度随闪耀角大小而变,对应着基模和反向传输的其他导模之间的耦合。闪耀光纤光栅主要用于 EDFA 增益平坦和空间模式耦合器。

③啁啾光纤光栅(Chirped Bragg Grating)。它的周期不是常数,而是沿轴向单调变化的,可分为线性啁啾光纤光栅和非线性啁啾光纤光栅两种。由于不同的栅格周期对应于不同的反射波长,啁啾光栅能够形成很宽的反射带。啁啾光栅能够产生大而稳定的色散,被广泛用于波分复用系统中的色散补偿元件。

④变迹光纤光栅(Apodised Fiber Grating)。它采用特定的函数对光纤布拉格光栅的折射率调制深度进行调制,可形成变迹光纤光栅。变迹对均匀光纤光栅反射谱的边模旁瓣具有很强的抑制作用,选择不同的变迹函数能起到不同的抑制效果,常用的变迹函数有高斯函数、双曲正切函数、余弦函数和升余弦函数等。

⑤相移光纤光栅(Phase-Shifted Fiber Grating)。它是在均匀周期光纤光栅的某些点上,通过某些方法破坏其周期的连续性而得到的,可以把它看作若干个周期性光栅的不连续连接,每个不连续连接都会产生一个相移。相移布拉格光纤光栅能够在布拉格反射带中打开透射窗口,使得光栅对某一波长或多个波长有更高的选择度,可以用这个特点构造多通道滤波器件,更好地满足 EDFA 增益平坦的需要。

⑥超结构光纤光栅(Superstructure Fiber Grating)。其折射率调制是周期性间断的,相当于在光纤布拉格光栅或啁啾光纤光栅的折射率调制上又加了一个调制函数,即可将其看作光纤布拉格光栅或啁啾光纤光栅按照一定的规律在空间上进行取样的结果,因此超结构光纤光栅又称为取样光纤光栅,其反射谱具有一组分立的反射峰。这种光纤光栅在梳状滤波器以及多波长激光器领域具有应用价值,可实现多个信道的同时补偿。

▶ 2.1.2 传感器的制作

光纤光栅传感器的制作过程一般包括以下 4 个步骤:

(1)制备光纤光栅

首先需要准备光纤光栅的制备装置,一般采用的是光栅制备设备。将一根单模光纤插入设备中,调整设备参数,使用激光光束通过光纤光栅制备设备中的光纤,制造出光栅结构。在这个过程中,需要精确控制激光光束的能量和频率,以确保制备出高质量的光纤光栅。

（2）调整光纤光栅参数

根据传感器的要求,对光纤光栅的参数进行调整。这些参数包括光栅周期、光栅长度、折射率变化的程度等,调整这些参数可以使光纤光栅传感器对不同的物理量变化具有不同的敏感度和工作范围。

（3）固定光纤和连接电源

使用光纤固定夹具将光纤光栅固定在适当的位置,确保其稳定性和可靠性,将光源和光谱仪分别连接到制作好的光纤光栅两端。

（4）测试和校准

在完成传感器的制作之后,需要进行测试和校准。根据测试数据进行校准,以确保传感器的准确性。

▶ **2.1.3 光纤光栅传感器的优点**

光纤光栅传感器具有下列优点。

①抗干扰能力更强,有很高的可靠性和稳定性。FBG 传感器是以反射光的波长变化来感知被测参量的变化的,只需要探测到光纤中光栅波长的移动,而与光强无关,对光强的波动不敏感,因而比一般的光纤传感器具有更高的抗干扰能力。FBG 传感器是用波长编码的传感器,光源强度的起伏、光纤微弯效应引起的随机起伏、耦合损耗等都不会影响传感信号的波长特性,因而该传感系统具有很高的可靠性和稳定性。

②测量灵敏度高、分辨率高、精度高,具有良好的重复性。FBG 传感器明显优于普通光纤传感器的地方是,它的传感信号为波长调制,而其测量信号不受光源起伏、光纤弯曲损耗、连接损耗和测量仪器老化等因素影响,因此测量结果具有良好的重复性。目前对 FBG 波长移动的探测达到了 pm 量级的高分辨率,因而具有比传统光纤传感器的测量灵敏度高、精度高的特点。

③动态范围大、线性好,能自标定,可用于对外界参量的绝对测量。对于 FBG 传感器,由于拉、压应力都能对其产生 Bragg 波长的变化,因此该传感器在结构检测中具有优异的变形匹配特性,动态范围大和线性度好。此外,FBG 传感器避免了一般干涉型传感器中相位测量的不清晰和需要固定参考点的问题,在对光纤布拉格光栅进行自标定后,能实现对外界参量变化的长期绝对测量。

④在同一根光纤内集成多个传感器复用,便于构成各种形式的光纤传感网络。FBG 传感非常适于做成多路复用式和分布式的光纤传感器,因为在一根光纤上的不同位置可以写入不同反射波长的 Bragg 光栅。图 2.1 所示为光纤光栅传感器在一根光纤内实现多点测量的示例,如 FBG 应用系统可同时测量多达 4 路 512 个 FBG 传感器,扫描范围为 50 nm,分辨率为 1 pm,测量频率可达 244 Hz。FBG 型分布式传感系统在应力多点分布式测量中有独特的优点,可同时完成温度和应力的双参量测量,为 FBG 的应用开辟了更为广阔的前景。

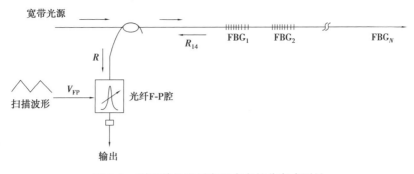

图 2.1 利用单根光纤实现多点的分布式测量

⑤便于远距离(达 5 km 以上)监测桥梁等建筑物,能预/报警,从而使系统实现智能化。在光纤光栅应变测试系统中,光纤光栅超声波传感器获取稳定、高精度的波长信号,通过光缆远程传输送入调制调解器,然后直接输入计算机信息处理系统计算出对应的应变量。这样可利用桥梁等建筑物结构状况评估的专家系统,对桥梁等结构作出安全(正常)和不安全预/报警的评价,而使系统实现智能化。同时,还能将评估报告或桥梁等的健康状况信息通过互联网及时传输至相关管理部门,从而可实现结构在线健康监测的信息化管理。此外,在桥梁等现场结构到解调仪之间仅需一根光缆连接,其距离可达 5 km 以上,能实现工程结构的分布测量和集中监测处理。

⑥结构简单、寿命长,便于维护保养、便于扩展与安装。传感探头结构简单、尺寸小,因其外径和光纤本身等同,也便于扩展与安装,且适合各种应用场合。此外,传感系统自身运行可靠、传感元件寿命长,其解调器及后续的处理设备可置于集中监控室,避免了仪器在现场难于保护的缺点,便于保养和维修,从而提高了监测系统的可靠性和易维护性。

⑦光栅的写入工艺已较成熟,便于形成规模生产。目前,光纤 Bragg 光栅通过紫外写入的方法已较成熟,这种紫外写入使外界入射光子和纤芯内的掺杂粒子相互作用,导致纤芯折射率沿纤轴方向发生周期性或非周期性的永久性变化,从而较容易在纤芯内形成空间相位光栅,因而也便于形成规模生产。

⑧便于做成智能传感器,应用非常广泛。光纤光栅传感器可拓展的应用领域有很多,如将分布式光纤光栅传感器嵌入材料中形成智能材料(智能材料是指将敏感元件嵌入被测构件基体和材料中,从而在构件或材料常规工作的同时实现对其安全运转、故障等的实时监控),便于做成智能传感器。

2.2 光纤光栅传感器监测的应用

▶ 2.2.1 光纤传感器的应用

光纤传感技术以光纤为媒介感知外界环境变化,其基本原理是利用外界效应对光纤中光波的传输特性进行调制,从而经信号解调后测量出相应量的变化。光纤传感技术包括对被测信号的"感知"及"传输"两部分。"感知"指光源发出的光入射至光纤内,外部环境参量(如温度、应变、振动、折射率等)按其变化规律对光纤内所传输光波的物理特征参量(如波长、偏振态、振幅等)进行改变,即调制技术。"传输"指光纤内被调制光波的传输及探测,并通过数据采集卡等工具记录,其后将相应的信息从光波信号中提取并分析,即解调技术。光纤传感原理如图2.2所示。

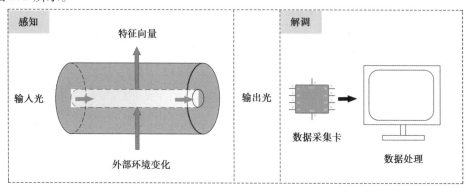

图2.2 光纤传感原理

光纤传感技术从20世纪70年代后期开始迅速发展,主要包括对温度、压力、应变、折射率、电流、电压、阻抗、湿度、声波等物理量的测量。早期对光纤传感技术的研究主要针对外界物理变化所引起的光纤中传输光强度的变化检测这一问题,类型多为结构单一的传光型传感器。20世纪80年代后,光纤理论模型得到发展,相应地,光纤传感技术随之迅速发展,形成基于诸如传输光相位、偏振态、振幅、频率等的多种传感技术。其中比较突出的光纤光栅传感技术被广泛应用于火灾监测、温度监测、安全监测、地震物理模型成像等。

▶ **2.2.2 光纤光栅传感器的应用**

光纤光栅传感器技术作为一种光纤传感技术,已成为当前传感器领域的研究热点,且经过几十年的发展,有些传感器已被成功应用于水下声波探测、地震物理模型成像、桥梁挠度检测等。

光纤光栅传感器在工程结构监测中有以下几个方面的应用。

(1)在地球动力学中的应用

在地震检测等地球动力学领域中,地表骤变等现象的原理及其危险性的估定和预测是非常复杂的,而火山区的应力和温度变化是目前为止能够揭示火山活动性及其关键活动范围演变的最有效手段。光纤光栅传感器可应用在岩石变形、垂直震波的检测,以及作为地形检波器和光学地震仪使用等方面。活动区的应变通常包含静态和动态两种:静态应变(包括由火山产生的静态变形等)一般都定位于与地质变形源很近的距离;而以震源的震波为代表的动态应变,则能够在与震源较远的地球周边环境中检测到。为了得到准确的震源或火山源的位置,更好地描述源区的几何形状和演变情况,需要使用密集排列的应力-应变测量仪。光纤光栅传感器是能实现远距离和密集排列复用传感的宽带、高网络化传感器,符合地震检测等的要求,因此,它在地球动力学领域中无疑具有较大的用途。

(2)在航天器及船舶中的应用

先进的复合材料抗疲劳、抗腐蚀性能较好,而且可以减轻船体或航天器的质量,因此复合材料越来越多地被用于制造航空航海工具(如飞机机翼)。为全面衡量船体的状况,需要了解其不同部位的变形力矩、剪切压力、甲板所受的冲击力,对于普通船体,大约需要 100 个传感器,因此波长复用能力极强的光纤光栅传感器最适合于船体检测。光纤光栅传感系统可测量船体的弯曲应力,还可测量海浪对湿甲板的冲击力。

此外,为了监测一架飞行器的应变、温度、振动、起落驾驶状态、超声波场和加速度情况,通常需要 100 多个传感器,故传感器的质量要尽量轻,尺寸尽量小,因此灵巧的光纤光栅传感器是最好的选择。实际上,飞机的复合材料中存在两个方向的应变,嵌入材料中的光纤光栅传感器是实现多点多轴向应变和温度测量的理想智能元件。

(3)在民用工程结构中的应用

民用工程的结构监测是光纤光栅传感器最活跃的领域。力学参量的测量对于桥梁、矿井、隧道、大坝、建筑物等的维护和状况监测是非常重要的。通过测量上述结构的应变分布,可以预知结构局部的载荷及状况。光纤光栅传感器可以贴在结构的表面或预先埋入结构中,对结构同时进行冲击检测、形状控制和振动阻尼检测等,以监视结构的缺陷情况。另外,多个光纤光栅传感器可以串接成一个传感网络,对结构进行准分布式检测,可以用计算机对传感信号进行远程控制。光纤光栅传感器用于检测桥梁时,一组光纤光栅被粘在桥梁复合筋的表面,或在梁的表面开一个小凹槽,使光栅的裸纤芯部分嵌进凹槽得以保护。如果需要更加完善的保护,则最好是在建造桥梁时便把光栅埋进复合筋。由于需要修正温度效应引起的应变,可使用应力和温度分开的传感臂,并在每一片梁上均安装这两个臂。两个具有相同中心波长的光纤光栅代替法布里-珀罗干涉仪的反射镜,形成全光纤法布里-珀罗干涉仪,利用低相干性使干涉的相位噪声最小化,实现了高灵敏度的动态应变测量。用光纤法布里-珀罗干涉仪结合另外两个 FBG,其中一个光栅用来测量应变,另一个被保护起来免受应力影响,以测量和修正温度效应,实现了同时测量三个量:温度、静态应变、瞬时动态应变。这种方法兼有干涉仪的相干性和光纤布拉格光栅传感器的优点。

光纤光栅传感器在民用工程中的主要应用内容有如下几个方面:

①桥梁监测。通过将光纤光栅传感器安装在桥梁上,可以监测桥梁的振动、形变和裂缝等,并及时发现和定位结构的损伤和缺陷。

②岩土工程监测。在岩土工程中,光纤光栅传感器可以用于监测土壤和岩石的应力、应变和变形。通过将光纤光栅传感器安装在土体和岩石中,可以实时监测工程的变化和影响。

③隧道监测。在隧道建设中,光纤光栅传感器可以用于监测隧道的应力、应变和变形。通过将光纤光栅传感器安装在隧道壁上,可以实时监测隧道的变化和影响,并及时采取措施。

④建筑结构监测。在土木工程中,建筑物的结构稳定性是至关重要的。通过将光纤光栅传感器安装在建筑物结构中,可以实时监测建筑物的应力、应变和变形,并及时发现和定位结构的损伤和缺陷。

(4)在电力工业中的应用

由于电力工业中的设备大都处在强电磁场中,如高压开关的在线监测、高压变压器绕组、发电机定子等位置的温度和位移等参数的实时测量,电类传感器无法使用在上述环境中,而光纤光栅传感器在高电压和大电流下,具有高绝缘性和强抗电磁干扰的能力,因此它适合在电力行业应用。用常规电流转换器、压电元件和光纤光栅组成的综合系统对大电流进行间接测量,电流转换器将电流转变成电压,电压变化使压电元件形变,形变大小由光纤光栅传感器测量。封装于磁致伸缩材料的光纤光栅可测量磁场和电流,可用于检测电机和绝缘体之间的杂散磁场通量。

(5)在医学中的应用

医学中用的电子传感器对许多内科手术是不适用的,尤其是在高微波(辐射)频率、超声波场或激光辐射的过高热治疗中。因为电子传感器中的金属导体很容易受电流、电压等电磁场的干扰而引起传感头或肿瘤周围的热效应,这样会导致错误读数。为了测定高频辐射或微波场的安全性,需用超声波传感器检测一系列医疗(包括超声手术、过高热治疗、碎结石手术等)中所用的超声诊断仪器的性能。近年来,使用高频电流、微波辐射和激光进行热疗以代替外科手术越来越受到医学界的关注,而且传感器的小尺寸在医学应用中非常重要。因为小的尺寸对人体组织的伤害较小,显然光纤光栅传感器是目前为止能够做到的最小的传感器,它能够以最低限度的侵害方式测量人体组织内部的温度、压力、声波场的精确局部信息。到目前为止,光纤光栅传感系统已经成功地检测了病变组织的温度,在 30 ~ 60 ℃获得了分辨率为0.1 ℃和精确度为±0.2 ℃的测量结果,这为研究病变组织提供了有用的信息。

光纤光栅传感器还可用来测量心脏,如医生把嵌有光纤光栅的热稀释导管插入病人心脏的右心房,并注射一种冷溶液,可测量肺动脉血液的温度,结合脉功率就可知道心脏的血液输出量,这对于心脏监测是非常重要的。

(6)在化学传感中的应用

光纤光栅传感器可用于化学传感,光栅的中心波长随外界折射率的变化而变化,而环境中的化学物质的浓度变化会引起折射率的变化,进而通过波导模式的倏逝场影响光栅的共振波长。利用该原理,可通过对 FBG 进行特殊处理或直接用长周期光纤光栅制成各种化学物质的光纤光栅传感器。

长周期光纤光栅对光纤外界折射率的变化比光纤布拉格光栅更为敏感,长周期光栅折射率测量系统的分辨率最高可实现 10^{-7} 的灵敏度。目前已经用长周期光栅测出了许多化学物质的浓度,包括蔗糖、乙醇、己醇、十六烷、$CaCl_2$、$NaCl$ 等。理论上,任何具有吸收峰谱并且其折射率在 1.3 ~ 1.45 的化学物质,都可用长周期光纤光栅进行探测。

(7)在核工业中的应用

核工业具有高辐射性,核泄漏对人类和其他生物及其生存的环境是一个极大的威胁,因此对核电站的安全检测是非常重要的。由于光纤光栅传感器具有耐辐射的能力,可以对核电站的反应堆建筑或外壳结构进行变形监测,蒸汽管道的应变传感,以及地下核废料堆中的应变和温度等。

除上述应用外,光纤光栅传感器还在其他领域得到了广泛的应用,并且在许多方面的性能都比传统的机电类传感器更稳定、可靠、准确。

思考题

2.1　光纤传感器按轴向折射率分布分类,可以分为几类?

2.2 简要说明光纤光栅传感器的原理是什么?

2.3 简要说明光纤光栅传感器的制作步骤有哪些?

2.4 光纤光栅传感器具有哪些优点?

第 3 章

工程结构基础声发射监测

3.1 声发射监测原理

▶ 3.1.1 声发射理论

声发射(Acoustic Emission,AE)指材料局部因能量的快速释放或重新分配而产生瞬时弹性波的现象,大多数材料在发生物理形变或断裂时都会出现声发射现象。声发射信号表示一个或多个声发射事件被传感器接收,并经检测系统处理后形成的电信号。声发射信号的频率范围很宽,覆盖了次声波到超声波,同时,声发射信号的幅度变化也很大。声发射检测及信号处理的本质是获取声发射源的信息,进而对材料内部缺陷变化、声发射源位置等相关信息进行判断。声发射理论基础主要包括声波产生、传播和接收3个方面。

(1)声波产生

声波是由振动体产生的机械波,其产生的过程可以用声源振动方程表示。声源振动方程可以描述声源在不同振动状态下产生的声波特性,包括振幅、频率和波形等。

(2)声波传播

声波在介质中的传播受到介质的特性和环境条件的影响。声波传播的基本方程式为声波传播方程,其形式类似于波动方程。声波传播方程包括介质特性、声源和接收器的位置和方向等参数,可以用数值方法或解析方法求解。

(3)声波接收

声波接收是指将声波信号转化为电信号的过程。常用的声波接收器包括麦克风、压电传感器等。声波信号经过接收器转换后,可以进行信号处理和分析,例如信号滤波、频谱分析、时域分析等,进而得到所需的声波信息。

声发射是一种常见的物理现象,20 世纪 50 年代初,德国人 Kaiser 对多种金属材料的声发射现象进行了研究并发现了声发射不可逆效应——Kaiser 效应,即声发射现象仅在第一次加载时产生,第二次加载及以后各次加载所产生的声发射变得微不足道,除非后来所加外应力超过前面各次加载的最大值。声发射技术作为一种检测技术,早期被应用于材料研究,20 世纪 60 年代开始被应用于无损检测领域,我国在 20 世纪 70 年代开始应用声发射技术。声发射技术可以对检测对象进行实时监测,且灵敏度高,几乎所有材料都具有声发射特性,不受材料介质限制,且不受检测对象的尺寸、几何形态、工作环境等因素的影响。

声发射信号检测过程实际上是以弹性应力波形式存在的一系列能量的产生、传播与接收过程。典型的声发射信号检测系统如图 3.1 所示,声发射发生时,声发射源处发出的弹性应力波通过介质传播,引起介质表面振动并被贴附在表面的声发射传感器转换为电信号,再经过放大器等对信号进行调理,由信号采集装置进行 A/D 转换,把模拟信号转化成数字信号,最后将转换后的信号进行对比及特征分析,通过外端现实设备输出。

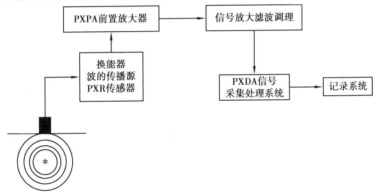

图 3.1　声发射信号检测系统

3.1.2　声发射信号处理方法

声发射信号是一种波,记录形式为一系列时序数据点。声发射传感器采集到的信号包含丰富的声发射源信号,同时由于在波形传播过程中发生的信号衰减与波形转换,进一步增加了声发射信号处理的难度。采取合适的处理方法对信号开展分析,直接关系着声发射检测结果的正确性。在声发射检测技术的发展过程中,如何对声发射信号中的有用信息进行有效提取一直是困扰研究者的难点。常用的声发射信号处理方法如下:

①时域分析:通过对声波信号的时间变化进行分析,可以得到声波信号的时域特征,如振幅、频率和相位等。

②频域分析:将声波信号转换为频率域信号,可以得到声波信号的频域特征,如频率分布、谱线等。

③时频域分析:结合时域和频域分析方法,可以得到声波信号在时频域上的特征,如瞬时频率、瞬时幅度等。

④声波成像:利用声波的反射、折射、散射等特性,对被测物体进行声波成像,可以获得被

测物体内部结构信息。

⑤声波信号过滤:利用滤波器对声波信号进行去噪、降噪等处理,可以提高声波信号的质量和准确性。

⑥特征提取:通过对声波信号进行特征提取,可以提取出有用的信息,如信号幅度、频率、持续时间等。

⑦模式识别:利用模式识别算法对声波信号进行分类、识别等处理,可以实现声波信号的自动化处理和分析。

纵观整个声发射信号处理方法的发展过程,可以把声发射信号处理方法分为参数分析法与波形分析法两大类。

1)参数分析法

参数分析法是指在对采集到的声发射信号进行初步处理的基础上,通过提取特定的特征参数来对声发射信号特征开展分析的一种方法。该方法是一种广泛使用的经典方法,用于对声发射信号特征参数的提取与量化,应用于各类声发射检测场景。当前,在几乎所有的声发射检测标准中,均采用声发射信号的特征参数对声发射源进行评价。常用的声发射信号特征参数主要包括峰值、振铃计数、上升时间、持续时间、能量以及有效值电压。但是参数的选择存在较大的主观性和随意性,致使对声发射的评价也会存在较大的误差。

由于早期声发射仪功能较少,只能采集到计数、幅值、能量等少量参数,因此较多采用的是单参数分析法,如计数法、能量分析法、幅度分析法等。随着声发射仪器的技术升级,具有强大功能的多通道声发射仪被广泛应用,现在的参数分析法进而演变出参数列表分析法、经历图分析法、分布分析法、关联分析法等。

(1)参数列表分析法

该方法是以时间为顺序将各种声发射特征参数进行排列的分析方法,即将每个声发射信号特征参数按照时序排列并直接显示于列表中,包含信号的到达时间,各声发射信号的参数、外变量等。

(2)经历图分析法

经历图分析法是指通过建立各参数随时间或外变量变化的情况,最常见的直观方法是绘制图形进行分析。常使用的经历图和累计经历图有计数、幅度、能量、上升时间、持续时间等随时间或外变量的变化。

(3)分布分析法

分布分析法是指根据信号的参数值进行统计撞击或事件计数分布分析的一种方法。分布图的横轴代表参数,选用哪个参数即为该参数的分布图,纵轴为撞击或事件计数。常见的分布图有时间、能量、上升时间、幅度分布图等。

(4)关联分析法

关联分析法是指将两个任意特征参数做关联图分析的方法。关联图两坐标轴各表示一个参数,图中每个点对应一个声发射信号撞击或事件计数。通过不同参量间的关联图可以分析不同声发射源特征,从而达到鉴别声发射源的目的。

2)波形分析法

波形分析法是指通过对声发射信号的时域波形或频谱特征进行分析,进而得到信号特征信息的一种方法。信号波形分析法是随着近代软、硬件技术的快速发展而出现的新兴处理方法，它促进了声发射分析技术的显著进步。

早期声发射仪的传感器多为谐振式、高灵敏型。该类传感器近似一个窄带滤波器，会将声发射源本质的信息掩盖或过滤掉，所获得的大多为衰减过后的正弦波，必然会引起信息的缺失，这也是参数分析法最大的不足。基于参数分析法的不足，人们很早就意识到波形蕴含了声源的一切信息，具有重要的研究价值。常见的波形分析法包括模态声发射（Modal Acoustic Emission，MAE）、傅里叶变换、小波分析、神经网络分析法、全波形分析法。

（1）模态声发射

1991 年，美国学者 Gorman 发表了对板波声发射（Plate Wave Acoustic Emission，PWAE）的研究后，加深了研究人员对 Lamb 波的认识，将该理论更多地应用于声发射监测。PWAE 后又被称为模态声发射，模态声发射理论结合了声发射源的物理机制与板波理论。结果表明，该方法适用于薄型板金属材料、薄壁长管腐蚀的声发射信号监测，因该信号具有典型的扩展波与弯曲波特征，在波形特征上与噪声差异较大，故易于辨识出腐蚀信号的波形。

（2）傅里叶变换

傅里叶变换于 1807 年首次被法国数学、物理学家傅里叶（JeanBaptistle JosephFourier）提出，直到 1966 年才发展完善，是人类数学史上的一个里程碑，一直以来被视为最基本、最经典的信号处理方法，而且由其得到的频谱信息具有重大物理意义，在各领域也得到了广泛应用。它是对傅里叶级数的推广，将时域信号转化到频域进行分析，使信号处理取得了质的突变，非常适用于周期性信号的分析。但因其是对数据段的平均分析，对于非平稳、非线性信号缺乏时域局部性信息，处理结果不尽如人意。

（3）小波分析

小波分析是一种从傅里叶分析演变、改进与发展而来的两重积分变换形式的分析方法。该方法对于信号具有自适应功能，即保证窗口面积（大小）不变，通过改变窗口形状、时间窗与频率窗，实现信号在不同频带不同时刻的适当分离，将信号逐层分解为低频与高频部分。低频部分的频率分辨率较高，但时间分辨率较低；高频部分的时间分辨率较高，但频率分辨率较低。因此小波分析也被形象地称为"数学显微镜"，为非平稳、微弱信号的提取分析提供了强有力的高效工具。

噪声分离和提取有用的微弱信号是小波分析应用于信号处理的重要方面。通过将信号分解为不同频段的信号，很容易进行噪声的分离。同时小波分析还具有时频分析能力，在处理类似声发射信号这类具有非平稳特征的信号时具有巨大的优势。在采用小波分析时，根据声发射信号的特征，对小波基的选取应遵循以下几点规则。

①尽量选择离散的小波变换。与离散小波变换相比，连续小波变换可以自由选择尺度因子，对信号的时频空间划分比二进离散小波要细，但计算量较大。声发射信号的数据量庞大，从处理速度这个角度考虑，声发射号采用离散小波变换比较合适。由于对声发射信号的分析目的是能获取声发射源的相关信息，因此通过对声发射信号的小波分析，能够实现声发射源特征信号的重构，有利于获取声发射源的信息。

②优先考虑选择在时域具有紧支性的小波基。声发射信号具有突发瞬态性，能够准确拾取突发的声发射信号是获取正确的声发射源信息的前提保障，因此应优先考虑选择在时域具

有紧支性的小波基,而且紧支性的小波基能避免计算误差。为了保证小波基在频域的局部分析能力,要求小波基在频域的频带具有快速衰减性。综合以上分析,小波基在时域具有紧支性,在频域具有快速衰减性,这是声发射信号小波基选择应遵循的另一个规则。

③小波基具有时域与声发射信号类似的特性。声发射信号在时域通常表现为一类具有一定的冲击特性和近似指数衰减性质的波形信号,且具有一定持续时间。因此选择的小波基具有类似的性质能对声发射信号的特征提供好的分析效果。

④选择具有一定阶次消失矩的小波基。具有一定阶次消失矩的小波基能有效地突出信号的各种奇异特性,声发射信号具有类似冲击信号的特性,因此选择具有一定阶次消失矩的小波基,能突出声发射信号的特征。

⑤应尽量选择对称的小波基。对声发射信号进行小波变换分析,应尽量选择对称的小波基,在对称小波基获取困难的情况下,应尽量选择近似对称的小波基,以减少信号的失真。

(4)神经网络分析法

神经网络是随着计算机发展而来的一门新兴学科,具有自组织、自适应、自学习的功能,且还具有很强的鲁棒性,因而在数据的处理方面具有较强的适应性。人工神经网络(Artificial Neural Network,ANN)中的每个信息处理单元(神经元)通过向相邻的其他单元发出激励或抑制信号来进行"交流",用以完成整个网络系统的信息处理。该系统具有高度鲁棒性及并行分布处理信息的能力,同时还具有知识的分布式表达、自动获取、自动处理的自适应性以及较好的容错能力与学习能力等优点,被广泛应用于语音识别、图像识别、图像分类等领域。

(5)全波形分析法

随着声发射仪的不断发展,市面上主流的第三代数字化声发射监测仪均为多通道,并配有宽频传感器,可以对声发射信号进行实时全方位的采集,采用分析信号的时域波形和频域分析相结合的方法,在声发射信号的分析及信噪分离方面取得了良好的效果。

3.2 声发射监测的应用

声发射技术作为一种新兴的动态无损测试方法已被广泛地应用在石油化工工业、电力工业、材料试验、民用工程、航天航空、金属加工和交通运输等多个领域。

(1)石油化工工业

声发射技术可应用于低温容器、球形容器、柱形容器、高温反应器、塔器、换热器和管线的测试和结构完整性评价、常压贮罐的底部泄漏监测、阀门的泄漏监测、埋地管道的泄漏监测、腐蚀状态的实时探测、海洋平台的结构完整性监测和海岸管道内部存在砂子的探测。

(2)电力工业

该项技术可应用于变压器局部放电的测试、蒸汽管道的检测和连续监测、阀门蒸汽损失的定量测试、高压容器和锅筒的监测、蒸汽管线的连续泄漏监测、锅炉泄漏的监测、汽轮机叶片的检测、汽轮机轴承运行状况的监测。

(3)材料试验

该项技术可应用于复合材料、增强塑料、陶瓷材料和金属材料等的性能测试、材料的断裂试验、金属和合金材料的疲劳试验及腐蚀监测、高强钢的氢脆监测、材料的摩擦测试、铁磁性材料的磁声发射测试等。

（4）民用工程

该项技术可应用于楼房、桥梁、起重机、隧道、大坝的监测，以及水泥结构裂纹开裂和扩展的连续监测等。

（5）航天和航空工业

该项技术可应用于航空器的时效试验、航空器新型材料的进货检验、完整结构或航空器的疲劳试验、机翼蒙皮下的腐蚀探测、飞机起落架的原位监测、发动机叶片和直升机叶片的监测、航空器的在线连续监测、飞机壳体的断裂探测、航空器的验证性试验、直升机齿轮箱变速的过程监测、航天飞机燃料箱和爆炸螺栓的监测、航天火箭发射架结构的验证性试验。

（6）金属加工

该项技术可应用于工具磨损和断裂的监测、打磨轮或整形装置与工件接触的监测、修理整形的验证、金属加工过程的质量控制、焊接过程监测、振动监测、锻压测试、加工过程的碰撞测试和预防。

（7）交通运输业

该项技术可应用于长管拖车、公路和铁路槽车的监测和缺陷定位、铁路材料和结构的裂纹探测、桥梁和隧道的结构完整性测试、卡车和火车滚珠轴承和轴颈轴承的状态监测、火车车轮和轴承的断裂测试。

3.3 声发射监测技术的优点

声发射监测技术作为一种无损测试的手段，其主要目的是确定声发射源的部位，分析声发射源的性质，确定声发射发生的时间或载荷，按照有关的声发射标准评定声发射源的严重性。然而，声发射监测技术也有一定的缺点和不足：声发射监测需要在特定荷载条件下进行；声发射监测目前只能给出声发射源的部位、活度和强度，不能给出声发射源处缺陷的性质和大小；对超标声发射源，需要使用其他常规无损测试方法（如超声测试、射线测试、磁粉测试、渗透测试等）进行局部复检，以精确确定缺陷的性质、位置和大小。

现行标准规范中规定的产品质量（尤其是内部质量）要求在很多情况下是根据常规无损测试方法确定的。按常规无损测试方法，只能测试、显示静态的宏观缺陷（也称不连续性或不完整性），如裂纹、夹渣（杂）、气（缩）孔、未融合、未焊透等。现行的一般做法是，按照标准、规范和标书文件的要求，对检出的缺陷进行定位、定量、定性（定性的方法目前尚不成熟，超声测试定性尤其差）和等级评定，以确定是否合格和验收。这种静态的测试评定方法更多评价的是产品制造工艺和质量控制的水平，而与产品的安全性和可靠性往往没有多少直接关系。事实上，往往是扩展的、尺寸增大的和最终导致破坏的不完整性（如裂纹的萌生和扩展）才被认为是危险的。在很多情况下与其他无损测试方法相比，声发射监测技术具有以下特点，这些特点表明了它的优越性。

①声发射法适用于实时动态监测，且只显示和记录扩展的缺陷，这意味着它与物体的缺

陷尺寸无关,而是显示正在扩展的最危险缺陷。这样,应用声发射检验方法时可以对缺陷不按尺寸分类,而按其危险程度分类。

②声发射监测技术对扩展的缺陷具有很高的灵敏度。其灵敏度大大高于其他方法,例如,声发射法能在工作条件下检测出零点几毫米数量级的裂纹增量,而传统的无损测试方法则无法实现。

③声发射法的特点之一是具有整体性,即用一个或若干个固定安装在物体表面上的声发射传感器可以检验整个物体。缺陷定位时不需要使传感器在被测物体表面扫描(而是利用软件分析获得),因此检验结果与表面状态和加工质量无关。当难以接触被测物体表面或不可能完全接触时,声发射法的整体性特别有用。例如对于绝热管道、容器、蜗壳,埋入地下的物体和形状复杂的构件,以及检验大型和较长物体(如桥梁机、高架门机等)的焊缝时,这种特性更明显。

④声发射法的一个重要特性是能进行不同工艺过程和材料性能及状态变化过程的监测。声发射监测技术也是探测焊接接头焊后延迟裂纹的一种理想手段。同样地,对于引水压力钢管的凑合节环焊缝,由于其拘束度很大,在焊后冷却过程中,焊接造成的拉应力和冷缩产生的拉应力,可能会使应力集中系数较大的缺陷(如未融合、不规则的夹渣、咬边等)萌生裂纹,这是不允许存在的。为了找出和避免这种隐患,用声发射监测技术进行监测也是比较理想的手段。

⑤对于大多数无损测试方法而言,缺陷的形状和大小、所处位置和方向都是很重要的,因为这些缺陷特性参数直接关系到缺陷漏检率。而对于声发射法而言,缺陷所处位置和方向并不重要,即缺陷所处位置和方向并不影响声发射的监测效果。

⑥声发射法受材料的性能和组织的影响较小。例如,材料的不均匀性对射线照相和超声波测试影响很大,而对声发射法则无关紧要。因此,声发射法的使用范围较宽(按材料分类)。例如,声发射法可以成功地用于监测复合材料,而用其他无损测试方法则很困难或者几乎不可能。

⑦使用声发射法比较简单,现场声发射检测、监控与试验同步进行,不会因为使用了声发射监测而延长试验工期。监测费用也较低,特别是对于大型构件整体监测,其费用远低于射线或超声测试费用,且可以实时地进行监测和结果评定。声发射法可以检测缺陷、确定缺陷位置和评价结构的危险程度(安全性)。与其他常规无损测试方法相结合,使用声发射法将会取得最佳效果。

思考题

3.1　什么是声发射?

3.2　声发射信号的处理方法有哪些?

3.3　使用小波分析对声发射信号进行分析时,需要注意哪几点?

3.4　声发射监测技术有哪些优点?

第 **4** 章
工程结构基础应力应变监测

4.1 应力应变监测原理

应力应变监测是一种重要的结构监测技术,用于评估结构物的健康状况和性能。其基本原理是利用应变传感器测量结构物表面的应变,然后通过应变计算得到结构物表面的应力,以便了解结构物的受力情况和变形情况。应变传感器是一种能够测量结构物表面应变的装置,通常由杆状或片状的应变测量片、连接应变测量片和数据采集系统的电缆组成。应变传感器常用的类型有电阻应变计、电容应变计、压电应变计和光纤传感器等。在进行应力应变监测之前,需要将应变传感器粘贴或安装在结构物表面,并连接到数据采集系统。当结构物受到力的作用时,应变传感器会测量到表面应变的变化,并将这些数据传输到数据采集系统中。数据采集系统将处理应变数据,通过应变计算公式计算得到结构物表面的应力。

在土木工程中,对应力和应变的监测常使用应力计和应变计这两类传感器,其主要区别是测试敏感元件与被测物体的相对刚度的差异。简单的应力和应变测试系统如图 4.1 所示,由两个相同的弹簧将一块质量近似可忽略不计的平板与地面连接所组成,弹簧常数均为 k,长度为 L_0,假设有力 P 作用在板上,将弹簧压缩至 L_1,如图 4.1(b)所示,则压缩变形 Δu_1 为

$$\Delta u_1 = \frac{P}{2k} \tag{4.1}$$

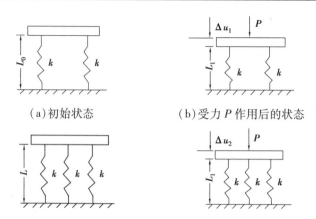

（a）初始状态　　　　　（b）受力 P 作用后的状态

（c）初始状态下放置测试元件　　（d）放置测试原件后受力 P 作用

图4.1　应力计及应变计原理示意图

如果想用一个测量元件来测量未知力 P 和压缩变形 Δu_1，可在两根弹簧之间放入弹簧常数为 K 的元件弹簧，则其变形 Δu_2 和压力 P_2 为

$$\Delta u_2 = \frac{P}{2k+K} \tag{4.2}$$

$$P_2 = K\Delta u_2 \tag{4.3}$$

将式（4.1）代入式（4.2），则有

$$\Delta u_2 = \frac{2k\Delta u_1}{2k+K} = \Delta u_1 \frac{1}{1+\frac{K}{2k}} \tag{4.4}$$

将式（4.2）代入式（4.3），则有

$$P_2 = K\frac{P}{2k+K} = P\frac{1}{1+\frac{2k}{K}} \tag{4.5}$$

在式（4.4）中，若 K 远小于 k，则 $\Delta u_1 \approx \Delta u_2$，说明弹簧元件加速前进后，系统的变形几乎不变，弹簧元件的变形能反映系统的变形，因而可看作一个测长计，把它测出来的值乘以一个标定常数，可以测出应变值，因此它是一个应变计。

在式（4.5）中，若 k 远小于 K，则 $P_2 \approx P$，说明弹簧元件加速前进后，系统的受力与弹性元件的受力几乎一致，弹簧元件的受力能反映系统的受力，因而可看作一个测力计，把它测出的值乘以一个标定常数，可以测出应力值，因此它是一个应力计。

上述提到的应力计和应变计只是最简单的系统，实际上当前常用的应力和应变测试方法有电测法、光栅光纤法、振弦式传感器等。电测法是将电阻丝往复绕成特殊形状（如栅状），做成电阻应变式传感器。其工作原理是基于电阻应变效应，其结构通常由应变片、弹性元件和其他附件组成。在被测拉（压）力的作用下，弹性元件产生变形，贴在弹性元件上的应变传感器产生一定的应变，再根据事先标定的应变-应力对应关系，即可得到被测力的数值。光栅光纤法主要是使用光栅光纤传感器。近些年，应力和应变监测是光纤光栅传感器的最主要应用之一。在前面讲过光栅光纤传感器的原理，应用到应力应变上就是利用光学理论对应力和应变进行监测。而振弦式传感器的原理是，当被测结构物内部的应力发生变化时，应变计同步感受变形,变形导致振弦的振动频率改变,测量其振动频率,频率信号经电缆传输至读数装置,即可测出被测结构物内部的应变量。

4.2　应力应变监测的应用

应力应变的监测是工程结构监测中重要的一部分,在建筑混凝土、钢结构、道路路面结构以及桥梁检测与加固的测量当中都有运用。以前一般都是使用应变片来测定结构物的荷载,到后来多使用振弦式应变计测量水泥混凝土路面的相关指标或者是桥梁的静载应变监测。在当前,应力应变监测使用光纤光栅传感器是主流的方法。日本的 Kurashima 等人使用强度型光纤传感器,其最大的优点是易于实现光纤阵列,对结构进行分布式检测,并且使用光时域反射仪(Optical Time-domain Reflectometer,OTDR)技术可以方便地对损伤位置进行定位,最后的测量结果与电阻应变片测量的结果一致。由于干涉型应力应变传感器精度高,干涉探测技术发展早且成熟,因此它得到了广泛的应用。Kruschwitz 等人用非功能型光纤干涉传感器埋设和粘贴于混凝土结构,定量地测量了混凝土的应变,还对混凝土与钢筋之间的滑移进行了监测。美国 Vries 等人在弗吉尼亚州用非功能型光纤传感器测量预应力钢筋混凝土中钢筋的轴向应变,其结果与电阻应变片测量的结果很吻合。美国多伦多大学 Measure 等人在世界首座预应力碳纤维高速公路桥上埋入布拉格光栅传感器,并对其内部的应力变化状况进行了监测。在质量达 21 t 的卡车作用下,对其动、静态的内部应力进行了监测,效果较好。

应力应变监测已经广泛应用于许多工程领域结构的试验应力分析。在电力、动力工程中用于电力设备的强度试验;在交通工程中应用于工程结构应力测试;在冶金、化工、材料工程中应用于结构和材料性能测试;在航空、航天工程中用于结构应力应变测量和加载量测试和控制;在机械工程中应用于结构和机械部件应力测量;在医学、生物力学、体育运动领域中应用于科学研究;在土木建筑及水利工程中应用于建筑结构应力测量、楼房耐振试验、桩基残余应力测量,大型水坝施工和蓄水过程监测应力;在桥梁和道路工程中应用于桥梁静载强度试验和道路工程结构应力测量。

应力应变监测在土木工程中的具体应用可以总结为以下几个方面:

(1)桥梁监测

桥梁是土木工程中重要的结构物,应力应变监测可用于桥梁的负载测试、动态响应测试和结构安全监测。通过桥梁应力应变监测,可以及时发现桥梁的变形和损伤情况,保证桥梁的安全运行。

(2)隧道监测

隧道是土木工程中用于交通和水利工程的重要结构物,应力应变监测可用于隧道开挖和施工期间的变形监测和隧道使用期间的安全监测。通过隧道应力应变监测,可以及时发现隧道的变形和损伤情况,保证隧道的安全运行。

(3)水坝监测

水坝是土木工程中重要的水利工程结构,应力应变监测可用于水坝的变形监测和安全评估。通过水坝应力应变监测,可以及时发现水坝的变形和损伤情况,保证水坝的安全运行。

（4）地基基础监测

地基基础是土木工程中重要的基础结构,应力应变监测可用于地基基础的负载测试和基础变形监测。通过地基基础应力应变监测,可以及时发现地基基础的变形和损伤情况,保证地基基础的安全稳定。

（5）建筑物监测

建筑物是土木工程中重要的结构物,应力应变监测可用于建筑物的负载测试和变形监测。通过建筑物应力应变监测,可以及时发现建筑物的变形和损伤情况,保证建筑物的安全运行。

思考题

4.1　简述应力应变传感器的监测原理是什么?

4.2　当前应力和应变常用的测试方法有哪些?

4.3　应力应变监测在工程中的应用非常广泛,简要说明应力应变监测如何在工程中实现智能化?

第 **5** 章
工程结构表面裂缝检测监测

5.1　结构表面裂缝检测监测技术需求

　　裂缝反映了结构受力状态与安全性、耐久性。结构受荷载、温度效应、疲劳、基础不均匀沉降、地震等影响可能开裂,开裂是结构微观层面受力状态的宏观体现。混凝土结构开裂会导致保护层对内部钢筋的保护失效,引起钢筋锈胀并诱发更多开裂并降低结构耐久性。钢结构开裂会严重威胁结构的安全性。受力裂缝威胁结构安全,快速发展的受力裂缝往往是结构失效、倒塌的先兆。因此,裂缝是结构损伤的表现,是耐久性不足的预警,是结构破坏的先兆。

　　在工程结构现场检测与实验室试验中,现有的人工裂缝识别技术难以满足需求。人工法是采用肉眼检出、手工描绘等方式识别裂缝并记录其分布与形状,采用裂缝尺、裂缝显微镜等工具测量裂缝的宽度。实践表明,人工法检查裂缝损伤主观性强,容易造成遗漏与错误,裂缝检查的效果依赖于检查者的主动性。此外,客观原因也同样影响裂缝检查的可靠性,如危险、不舒适的检查环境等。总结起来,人工法存在测不准、高空多、效率低、记不全等缺点,现有的人工裂缝检查手段无法满足工程实践的需求。

5.2　数字图像法结构表面裂缝监测原理

　　裂缝成像于图像后具有的特征有:颜色或明暗与周围背景存在差异、灰度分布具有独立性、形态狭长连续。数字图像法利用拍摄得到的结构表面照片,经过图像预处理、裂缝识别与提取、裂缝参数计算、裂缝形态修正与拼接等步骤,完成裂缝的识别,并表达输出识别结果。裂缝的识别步骤如图5.1所示。

图 5.1　裂缝的识别步骤

(1)图像预处理

采用图像增强与降噪等工具,提升图像质量并减少噪声,消除阴影、大面积斑迹、不均匀光照的影响。

(2)裂缝识别与提取

将图像中的裂缝与其他背景、噪声等进行分割,完成图像灰度图、二值化图的转化并提取裂缝。

(3)裂缝参数计算

对裂缝宽度、长度、间距、走向等参数进行计算分析。

(4)裂缝形态修正与拼接

针对倾斜拍摄或开裂结构表面几何形状复杂的情况带来的透视变形与其他几何变形,利用图像变形矫正与三维重建等技术实现对裂缝真实形态的还原。针对大坝坝体或路面等大场景裂缝识别,以及对拍摄得到的小范围裂缝图像进行拼接。

(5)裂缝表达输出

通过二维或三维表达方式配合定量数据输出裂缝识别结果。

5.3　数字图像法结构表面裂缝监测前沿

对裂缝开展长期监测在工程实践中具有重要意义,振弦式传感器、光纤光栅传感器、声发射设备甚至百分表等都常用于裂缝监测。数字图像法裂缝监测具有监测面积大、非接触、不用预先确定开裂测点等优势,应用模式包括定期检测中前后若干次拍摄的裂缝图像的对比,以及固定机位长期裂缝监测。

摄影测量是可应用于实验室环境的裂缝监测方法。操作人员面向模型待测表面布置一台或多台相机进行拍摄。拍摄前布置圆形标记点或者散斑特征,利用不同时间拍摄的图像,计算区域内特征点的位移并间接推导裂缝生长状态。摄影测量是一种裂缝间接测量方法,其精度依赖于标记点或者散斑的密度。但目前,摄影测量方法仅对在一个平面上的裂缝适用,只能得到每一条裂缝的整体特性变化(如总长、平均宽度等),无法精细描述裂缝随时间的变化。

基于现场裂缝检测、监测与实验室裂缝观测等应用需求,有研究提出基于形状上下文的裂缝匹配算法,实现对裂缝萌生监测与裂缝生长监测,提取裂缝整体长度与任意点宽度的生长曲线。针对已有裂缝,利用裂缝提取后得到的每条裂缝的骨架线,采用形状上下文特征判断不同图像中裂缝骨架线是否为同一条裂缝。利用该算法的特性可以将一条裂缝相同位置处的变化进行持续追踪,从而可以实现像素级别的精细化裂缝长期监测。针对新萌生的裂缝,提出能有效区分已存在裂缝和新产生裂缝的算法。

5.4　数字图像法结构表面裂缝检测监测工程应用

裂缝是结构现场安全性检测监测以及模型试验研究的重要指标。在工业、民用建构筑物的检测鉴定中,裂缝损伤属于可靠性鉴定的主要指标;在桥梁隧道等基础设施与核电安全壳等工程结构的安全性评估中,裂缝是定期检查或常规检查的重要指标;在实验室结构受力性能试验中,裂缝是模型加载过程量测的关键指标;在工程事故调查中,裂缝是分析事故原因的重要依据。对关键的受力裂缝进行裂缝的定量识别、定期检测或长期监测,可以揭示结构受力机理、评估结构安全性或推断结构剩余刚度。数字图像法结构表面裂缝检测监测工程应用包括:

(1)路面裂缝检测

高速公路、国省干线、农村道路等路面的技术状况需要定期评价,路面表面裂缝、破损率等指标是其检测重点。采用数字图像法可使用综合路面检测车快速采集图像,后台使用深度学习、数字图像处理等方法自动识别、检测裂缝。

(2)隧道裂缝检测

公路隧道、铁路隧道、地铁隧道等在服役阶段可能产生衬砌开裂等病害。类似于公路路面,隧道的现场检测也常使用综合检测车获取隧道衬砌表面的数字图像,进一步采用深度学习、数字图像处理等方法自动识别裂缝、渗水等病害。

(3)桥梁裂缝检测与监测

桥梁定期检测一般每1～3年开展一次,每次检测均需要全检、遍检桥梁表面裂缝。对于业主单位,桥梁表面裂缝的发展趋势相比于单次检测结果更为重要。因此,同一条、同一区域裂缝的发展对比以及裂缝的监测是数字图像法结构表面裂缝检测监测重要的工程应用场景之一。

思考题

5.1　简述数字图像法结构表面裂缝识别的步骤有哪些?

5.2　数字图像法裂缝监测相比于接触式传感器裂缝监测有什么优势?

5.3　查找桥梁检测相关规范,简述桥梁定期检测过程需要检测表面裂缝的哪些参数?(提示:裂缝最大宽度等)思考这些指标是否可通过数字图像法识别、计算?

第 **6** 章

工程结构基础监测数据分析

6.1 监测数据采集

工程结构监测首先要解决的技术就是数据采集系统。2015 年 5 月 8 日,中国政府实施"制造强国"战略第一个十年的行动纲领"中国制造 2025",随着新一代信息技术向制造领域的加快渗透,现代工业信息化发展已迈入发展智能制造的历史新阶段,为实现智能土木工程监测技术的发展提供了机遇。

土木工程信息变化的采集是工程结构基础监测实现的关键。融合了信息技术的智能传感器已经被广泛应用于人们的生活中。信号采集系统主要使用传感器,采集系统由传感器和测量电路组成,它把被测量(如力、位移等)通过传感器变成电信号经过后接仪器的变换放大、运算,变成易于处理和记录的信号。传感器是整个测试系统中采集信息的关键环节,它的作用是将被测非电量转换成便于放大和记录的电量,因此有时称传感器为"测试系统的一次仪表"。由于引起工程信息变化的因素较多,因此对不同因素的信号采集必须使用不同类型的传感器,包括工程原始的材料检测、施工过程检测以及运营检测,不同的传感器能满足不同的采集要求。

当前监测数据的采集离不开单片机的应用。单片机是一种集成电路芯片。它应用超大规模集成电路技术把具有数据处理能力的中央处理器(CPU)、随机存储器(RAM)、只读存储器(ROM)、多种 I/O 口和中断系统、定时器、计时器等功能(还可能包括显示驱动电路、脉宽调制电路、模拟多路转换器、A/D 转换器等电路)集成到一块硅片上,组成一个小而完善的计算机系统。而单片机的数据采集系统是一种集计算机、现代传感、信息融合、人工智能、自动化及通信等高科技技术于一体的,运用多传感器进行数据采集,用微控制器进行数据分析处理,系统地应用PID(Proportional Integral Derivative,按被控对象的实时数据采集的信息与给定值比较产生的误差的比例、积分和微分进行控制的控制系统)控制技术的数据采集系统。单片机的数据采集系统设计主要分为硬件系统设计和软件系统设计两部分。硬件系统设计包括前段传感器、单片机、液晶显示器和 USB 通信接口。其中,单片机是数据采集系统中完成信号转换的核心部件,它能够对转化后的数据信息进行运算整理并通过液晶显示器进行即时展现。而 USB 通信接口则是数据采集系统功能的进一步补充,它可以直接快速地将采集到的数据传到计算机,利用计算机的数据处理速度快、储存量大的特点将数据快速地进行分析处理。另外,USB 还具有可以提供电源的优点。软件系统设计由主程序、系统监控软件、定时与中断系统程序等组成。单片机的硬件系统与软件系统只有在紧密联系、通力合作的相互协调的情况下才能构成一个高端的数据采集系统。

随着时代的发展,监测数据采集除使用智能传感器之外,人工智能也逐渐走进大家的视野。人工智能是一门综合性很强的学科,涉及众多不同学科,集中了不同学科的思想和技术,同时它也是一门实践性很强的学科,经过了几十年的发展,随着现代信息技术的发展,人工智能的应用越来越广泛,而且应用范围也越来越宽。人工智能在监测数据采集中的应用,主要是利用智能机器人来代替传感器。机器人既是先进制造业的关键支撑装备,也是改善人类生活方式的重要切入点。无论是在制造环境下应用的工业机器人,还是在非制造环境下应用的服务机器人,其研发及产业化应用是衡量一个国家科技创新、高端制造发展水平的重要标志。大力发展机器人产业,对于打造中国制造新优势,推动工业转型升级,加快制造强国建设,改善人民生活水平具有重要意义。2016 年,工业和信息化部、国家发展和改革委员会、财政部联合发布《机器人产业发展规划(2016—2020 年)》,正式将人工智能机器人产业提上国家战略,为未来机器人在工业、服务等领域的应用提供了基础。

人工智能的应用非常广泛,对人工智能的开发及使用,针对不同的领域具有完全不同的系统及模式。专家系统是最早也是最广泛和基础的人工智能应用,主要用在工业生产方面。工程结构智能监测的一个重要方面是利用智能机器人完成工程监测问题,使得检测结果更客观、真实、准确。监测数据对工程病害的预防更精确,能大大提高工程质量安全性。迄今为止,关于专家系统尚未有一个公认的严格定义,从人工智能的角度讲,它是

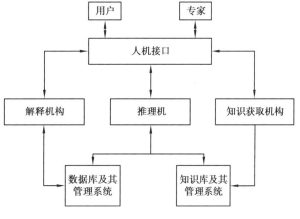

图 6.1　专家系统的一般结构组成

一个智能程序系统,具有相关领域内大量的专家知识,能模拟人类专家求解问题的思维过程进行推理,解决相关领域内的困难问题,并达到领域专家的水平。专家系统的一般结构如图6.1 所示。

6.2 监测数据传输

许多工程结构是建在野外的,信号的采集系统也是根据工程的位置进行布设的,如何将野外采集的工程信息变化信号传输到数据存储端,从而实现数据的实时存储,这就需要智能化的数据传输系统。通过数据传输系统或技术,建立野外工程变化信号数据与存储端的联系,实现智能化、高效化、无损化等保真的数据传输。目前的移动互联网及 GPS 卫星信号传输技术已经非常成熟,能够满足数字信号、模拟信号等智能化传输。

移动互联网也即无线通信,通常使用电磁波作为信息传输的载体,而电磁波可以在空气、水乃至真空中传播。因此,无线通信与传统有线通信不同,它不需要通信传输介质。"无线"是指消息的发送方式和接收方式使用微波、光波、红外线等电磁波作为信息载体的数据传输方式,而非使用双绞线、同轴电缆、光纤等连接线。"移动"是指消息的发送方和接收方的位置关系随时可以改变,进而网络节点互联的拓扑结构随时可以改变。与固定结构的互联网相比,无线移动互联网具有诸多特殊之处,其主要特点有移动性、无线性、能量和资源的有限性、动态鲁棒性、多路干扰性等。

GPS 卫星信号传输技术是将野外采集的工程变化信息数据,通过无线传输的方式,传输到接收端,以实现工程信息变化到灾害预测全程的智能化。卫星通信系统通常由地球站、通信卫星、跟踪遥测及指令系统和监控管理系统 4 大部分组成,如图 6.2 所示。

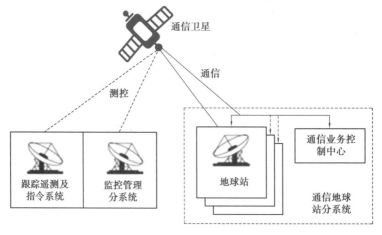

图 6.2 卫星通信系统的组成

跟踪遥测及指令系统的任务是对卫星上的运行数据及指标进行跟踪测量,并对卫星在轨道上的位置及姿态进行监视与控制。监控管理系统的功能并不直接用于通信,而是在通信业务开通前和开通后对卫星通信的性能及参数进行监测和管理。

6.3　监测数据存储

　　传统的土木工程监测按照工程设计标准及使用年限,在规定的时间内进行监测,监测频率极低,因此监测到的工程信息数据量极小。现在的工程监测实现 24 h 不间断信息采集,数据量巨大,而且数据存储也要求具有延续性,才能够后期数据分析,因此,传统的数据存储设备已经不能满足数据量的存储要求。数据存储系统必须具有大数据的存储能力、计算能力等,目前的云存储服务已经在很多领域取得成功,而且该技术和服务在不断地成熟、发展,为智能土木工程监测大数据的存储提供了解决方案。

　　云存储是在云计算概念上延伸和发展出来的一个新概念,是一种新兴的网络存储技术。它是指通过集群应用、网络技术或分布式文件系统等功能,将网络中大量各种不同类型的存储设备通过应用软件集合起来协同工作,共同对外提供数据存储和业务访问功能的一个系统。简单来说,云存储就是将储存资源放到云上供人存取的一种新兴方案。使用者可以在任何时间、任何地方,通过任何可联网的装置连接到云上方便地存取数据。云存储平台整体架构可划分为 4 个层次,自底向上依次是数据存储层、数据管理层、数据服务层以及用户访问层,如图 6.3 所示。

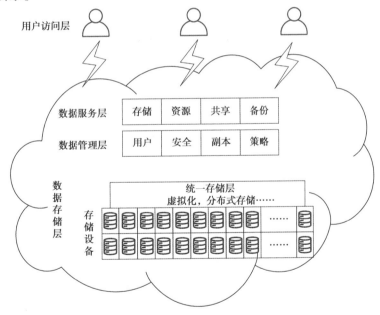

图 6.3　云存储平台整体架构

　　与传统的存储方式相比,云存储方式具有以下优点:

　　(1)成本低、见效快

　　在传统的购买存储设备或软件定制方式下,企业根据信息化管理的需求,一次性投入大量资金购置硬件设备,搭建平台。软件开发则要经过漫长的可行性分析、需求调研、软件设计、编码测试等过程。在软件开发完成以后,业务需求往往发生变化,不得不对软件进行返工,不仅影响质量,提高成本,更是延缓了企业信息化进程,同时造成了企业之间的低水平重复投资以及企业内部周期性、高成本的技术升级问题。在云存储方式下,企业除了配置必要的终端设备以接收存储服务,不需要投入额外的资金来搭建平台。企业只需按用户数分期租用服务,规避了一次性投资的风险,降低了使用成本,而且对于选定的服务,还可以立即使用,既方便又快捷。

（2）易于管理

在传统方式下,企业需要配备专业的IT人员对系统进行维护,由此提高了技术和资金成本。在云存储模式下,维护工作以及系统的更新升级都由云存储服务提供商完成,企业能够以更低的成本享受到专业的服务。

（3）方式灵活

在传统的购买和定制模式下,一旦完成资金的一次性投入,系统无法在后续使用中动态调整。随着设备的更新换代,落后的硬件平台难以处置。随着业务需求的不断变化,软件需要不断地更新升级甚至重构来与之相适应,导致维护成本高昂,很容易发展到不可控的程度。而云存储方式一般按照客户数、使用时间、服务项目进行收费。企业可以根据业务需求变化、人员增减、资金承受能力,随时调整其租用服务方式,真正做到"按需使用"。

6.4 监测数据处理

数据（信号）处理系统是将测量系统的输出信号进一步进行处理以排除干扰,或输出不同的物理量,如对位移量进行一次微分得到速度,经二次微分得到加速度。处理系统中需要设计智能滤波等软件,以排除测量系统中的噪声干扰和偶然波动,以提高所获得数据的置信度。同时数据处理也包括对处理后的大量数据进行归类,按照不同的影响因素进行分类,为后期数据的应用提供方便,以便查清土木工程病害影响因素的权重。工程结构监测的数据量庞大,因此为了对大量数据进行分析处理,保留有效真实的工程信息变化数据,对工程病害进行分析和预测,需要使用云计算系统。

云计算系统运算和处理的核心是大量数据的存储和管理,云计算系统中需要配置大量的存储设备,因此云存储是一个以数据存储和管理为核心的云计算系统。云计算的应用在云（软件、存储）、管（数据通信与传输网）、端（个人家庭、企业终端）上。云应用是构架在管和端的基础上,用户无须下载、安装软件,即可实时享受互联网服务。云端（Cloud）代表了互联网（Internet）,通过网络的计算能力,取代使用用户原本安装在个人电脑上的软件,或者是取代用户原本将资料存在个人硬盘的动作,用户转而通过网络进行各种工作,并将档案资料存放在网络中,也就是庞大的虚拟空间上。用户通过其使用的网络服务,将资料存放在网络上的服务器中,并借由浏览器浏览这些服务的网页,使用上面的界面进行各种计算和工作。云计算（Cloud Computing）是基于互联网的相关服务的增加、使用和交付模式,通常涉及通过互联网提供动态易扩展且经常虚拟化的资源。云是网络、互联网的一种比喻说法。过去往往用云表示电信网,后来也用来表示互联网和底层基础设施。狭义的云计算指IT基础设施的交付和使用模式,它通过网络按需易扩展的方式获得所需资源;广义的云计算指服务的交付和使用模式,它通过网络以按需、易扩展的方式获得所需服务。这种服务可以与软件、互联网相关,也可以是其他服务。这意味着计算力也可作为一种商品通过互联网进行流通。

云计算可以为用户提供可用的、便捷的、按需的网络访问模式,随时进入可配置的计算资源共享池(资源包括网络、服务器、存储、应用软件、服务),这些资源能够被快速提供,且只需投入很少的管理工作,或与云服务供应商进行很少的交互,就能满足自己的需求。

我国的基础工程量庞大,而且后期的工程建设量还具有很大的潜力,工程结构智能监测实现对工程的不间断实时监测,大量的数据处理急需通过快速的云计算实现,同时需要对大数据随时进行访问。云计算海量数据处理采用分布式的存储技术,可用于大型分布式、需要对大量数据进行访问的应用,它具有容错功能,能为用户提供低成本、高可靠性、高并发和高性能的数据并行存取访问。针对数据的非确定性、分布异构性、海量、动态变化等特点,采用分布式数据管理技术对大数据集进行处理和分析,可面向用户提供高效的服务。

云计算能高效地利用在分布式环境下的数据挖掘和处理,采用基于云计算的并行编程架构,将任务自动分成多个子任务,通过映射和化简实现在大规模计算节点中的调度与分配任务。

思考题

6.1　什么叫单片机？其主要特点有哪些？

6.2　什么是专家系统？

6.3　无线通信的主要特点有哪些？

6.4　与传统数据存储方法相比,云存储有哪些优点？

第二部分
工程结构监测实践

实验一
基于 Arduino 语言的一些简单操作

1.1　目的和要求

(1)初步了解 Arduino 语言,理解基本关键字、语法符号和运算符的含义。

(2)初步掌握一些简单算法。

1.2　设备和工具

序　号	名　　称	数　量	备　注
1	Jcble JuRa TinyML Kit 套件	1	
2	USB 线、USB 转 Tpye-C	1	
3	计算机	1	

1.3　实验步骤

(1) if-else

打开 Arduino IDE,在界面输入如下代码:

#include <Jcble_TinyUSB. h>//引用串口

void setup( ) {

```
Serial. begin(9600);
  While(！Serial) {
    ;
  }
}


void loop() {
  While(Serial. available()>0)//表示收到数据
  {
    char cmd=Serial. read(); //读取串口数据
    if (cmd == 'C')
  {
    Serial. println("成绩不合格");
    }
    else if (cmd == 'B')
    {
    Serial. println("成绩良好");
    }
    else if (cmd == 'A')
    {
        Serial. println("成绩优秀");
      }
    }
  }
```

将程序烧录进 Jcble JuRa TinyML Kit 中,打开串口监视器,如图 1.1 所示,输入 A、B、C 分别对应"成绩优秀""成绩良好"和"成绩不合格"。

图 1.1　if-else 结果图

（2）九九乘法表

打开 Arduino 软件,在界面输入如下代码:

```
#include <Jcble_TinyUSB.h>//引用串口

void setup() {
Serial.begin(9600);
  while (! Serial) {
  ;
  }
  for(int i = 1; i< 10; i++)
  {
      for(int j = 1; j<=i; j++)
    {
        Serial.print(j);
        Serial.print(' * ');
        Serial.print(i);
        Serial.print(' = ');
        Serial.print(i * j);
        Serial.print(' ');
        }
        Serial.println();//换行
    }
}

void loop() {
}
```

将程序烧录进 Jcble JuRa TinyML Kit 中,打开串口监视器,如图 1.2 所示。

图 1.2　九九乘法表结果图

（3）三角函数

打开 Arduino 软件，在界面输入如下代码：

```
#include <Jcble_TinyUSB. h>//引用串口
double divVal = 0.0;

void setup( ) {
    Serial. begin(115200);
}

void print_1( ) {
    Serial. print(10 + cos(divVal));
}

void print_2( ) {
    Serial. print(20 + sin(divVal));
}

void print_3( ) {
    Serial. print(30 + cos(divVal + PI));
}

void loop( ) {
    print_1();
    Serial. print(",");
    print_2();
    Serial. print(",");
    print_3();
    Serial. print("\n");
    divVal +=  2 * PI / 16.0;
    delay(100);
}
```

将程序烧录进 Jcble JuRa TinyML Kit 中，打开串口绘图器，如图 1.3 所示。

以上 3 个实验，旨在引导大家初步认识单片机以及 Arduino 语言，后续的实验中会使用单片机外接一些传感器进行操作，在最后还有使用单片机外接工程中常用的一些测量设备来达到智能监测的目的。

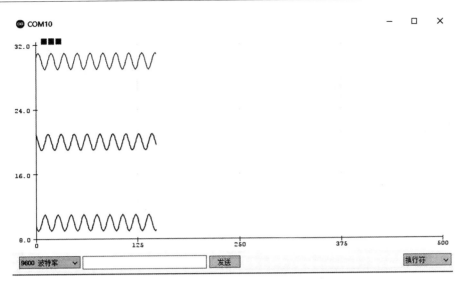

图 1.3　三角函数结果图

实验二
点亮 LED 灯

2.1　目的和要求

（1）利用 Jcble JuRa TinyML Kit 点亮一盏 LED 灯，让灯按照 1s 间隔闪烁。

（2）测试 Jcble JuRa TinyML Kit 的 IO 口，通过单片机输出高电平和低电平。

2.2　设备和工具

序　号	名　称	数　量	备　注
1	Jcble JuRa TinyML Kit 套件	1	
2	USB 线、USB 转 Tpye-C	1	
3	直插 LED 灯	1	
4	直插电阻 1 kΩ	1	
5	杜邦线	若干	
6	面包板	1	
7	计算机	1	

2.3 实验步骤

(1)硬件电路连接

将 1 kΩ 电阻、LED 灯串联接入到 21 管脚(控制输出高低电平)以及 40 脚(接地线)。需要注意的是,21 管脚映射的是 Jcble JuRa TinyML Kit 模组的 D10 管脚;LED 灯有正负极之分,长的引脚是正极,短的引脚是负极。电路连接安装示意图如图 2.1 所示。

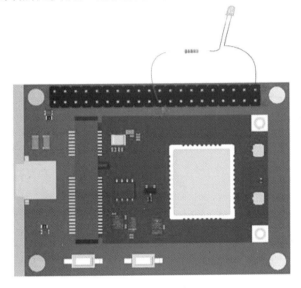

图 2.1 安装示意图

电路的组装通过面包板实现。面包板底有金属条,在板上对应位置打孔使得元件插入孔中时能够与金属条接触,从而达到导电的目的。一般将每 5 个孔板用一条金属条连接。面板中央一般有一条凹槽,这是针对需要集成电路、芯片试验而设计的。面板两侧有两排竖着的插孔,也是 5 个一组。这两组插孔用于给面板的元件提供电源。使用时,将元件插入孔中就可测试电路及元件,使用前应确定哪些元件的引脚应连在一起,再将要连接在一起的引脚插入同一组的 5 个小孔中。

(2)USB 转 Tpye-C 将 JuRa TinyML Kit 接入计算机

(3)打开 Arduino IDE,在界面输入如下代码

```
#include <Jcble_TinyUSB. h>//引用串口

int LedPin = 10;  //LED 灯的管脚映射
void setup( )
{
  pinMode(LedPin, OUTPUT);  //设置为输出
}
```

```
void loop( ) {
    digitalWrite(LedPin, HIGH);    //点亮灯
    delay(1000);                   //等待 1s
    digitalWrite(LedPin, LOW);     //关闭灯
    delay(1000);                   //等待 1s
}
```

将程序烧录进 Jcble JuRa TinyML Kit 中,可以看到 LED 灯按照预先设置的条件明暗交替变化,间隔为 1 s,间隔时间可以自行调整。

实验三
硬串口点亮 LED 灯

3.1　目的和要求

编写一个用计算机给 Jcble JuRa TinyML Kit 发送指令的小程序,实现开/关灯功能。

3.2　工作原理

串口是串行接口(Serial port)的简称,也称为串行通信接口或 COM 接口。串口又分为硬串口(HardwareSerial)与软串口(SoftwareSerial)。本实验采用硬串口点灯,即通过 USB 转 Tpye-C 线将计算机与 Jcble JuRa TinyML Kit 相连,然后通过计算机控制 LED 灯的开关。硬串口是 Arduino 已经做好了的串口,硬件方面通过 USB 口实现,软件方面在程序中引用 Jcble_TinyUSB. h 库实现开发板与计算机之间的通信。软串口是按用户的需要设置的,可以定义任何一个外围的接口作为串口来与其他串口设备进行通信。

3.3　设备和工具

序　号	名　称	数　量	备　注
1	Jcble JuRa TinyML Kit 套件	1	
2	USB 线、USB 转 Tpye-C	1	

续表

序　号	名　　称	数　量	备　　注
3	LED 灯	1	
4	1 kΩ 电阻	1	
5	杜邦线	若干	
6	面包板	1	
7	计算机	1	

3.4　实验步骤

（1）硬件电路连接

将 1 kΩ 电阻、LED 灯串联接入到 21 管脚（控制输出高低电平）以及 40 脚（接地线），需要注意的是，21 管脚映射的是 Jcble JuRa TinyML Kit 模组的 D10 管脚。电路连接安装示意图如图 3.1 所示。

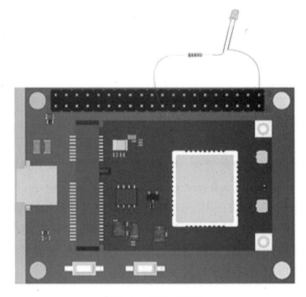

图 3.1　安装示意图

（2）USB 转 Tpye-C 将 JuRa TinyML Kit 接入计算机

（3）打开 Arduino IDE，在界面输入如下代码

```
#include <Jcble_TinyUSB. h>//引用串口
char cmd;
int LedPin = 10;   //LED 灯的管脚映射
```

```
void setup( ) {
  Serial. begin(9600);
  pinMode(LedPin, OUTPUT);   //设置为输出
}


void loop( ) {
  while(Serial. available( )>0)   //表示收到数据
  {
      cmd=Serial. read( );   //读取串口数据
      if(cmd = = '1')   //开灯命令
      {
        digitalWrite(LedPin, HIGH);   //点亮灯
        Serial. println("light is on");
      }
      else if(cmd = = '0')   //关灯命令
      {
        digitalWrite(LedPin, LOW);   //关闭灯
        Serial. println("light is off");
      }
  }
}
```

将程序烧录进 Jcble JuRa TinyML Kit 中,打开串口监视器,在输入框中输入 1,单击"发送",会看到串口监视器界面显示"light is on",同时 LED 灯点亮;在输入框中输入 0,单击"发送",会看到串口监视器界面显示"light is off",同时 LED 灯关闭。串口监视器显示结果如图3.2 所示。

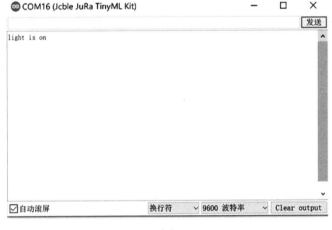

(a)

（b）

图 3.2　串口监视器显示结果

实验四
按键点亮 LED 灯

4.1　目的和要求

（1）利用 Jcble JuRa TinyML Kit 监测按键。按键松开，LED 灯亮；按键按下，LED 灯灭。

（2）测试 Jcble JuRa TinyML Kit 的 IO 口，监测高、低电平输入，并控制输出高、低电平。

4.2　设备和工具

序　号	名　　称	数　量	备　注
1	Jcble JuRa TinyML Kit 套件	1	
2	USB 线、USB 转 Tpye-C	1	
3	直插 LED 灯	1	
4	直插电阻 1 kΩ	2	
5	按键	1	
6	面包板	1	
7	计算机	1	

4.3 实验步骤

(1)硬件电路连接

将 1 kΩ 电阻、LED 灯串联接入到 21 管脚(控制输出高低电平)以及 40 管脚(接地线)。需要注意的是,21 管脚映射的是 Jcble JuRa TinyML Kit 模组的 D10 管脚。

将 1 kΩ 电阻、按键串联接入到 1 管脚(3.3 V 电源),29 管脚(监测按键电平)以及 39 管脚(接地线)。29 管脚映射的是 Jcble JuRa TinyML Kit 模组的 D25 管脚。电路连接安装示意图如图 4.1 所示。

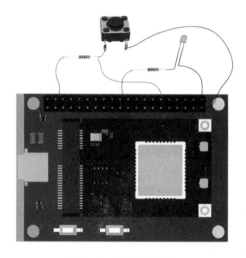

图 4.1　安装示意图

(2)USB 转 Tpye-C 将 JuRa TinyML Kit 接入计算机

(3)打开 Arduino IDE,在界面输入如下代码

```
#include <Jcble_TinyUSB. h>//引用串口

int LedPin = 10;      //LED 灯的管脚映射
int buttonPin = 25;   //按键的管脚映射
int buttonState = 0;  //按键的状态
int num = 0;
void setup( )
{
    Serial. begin(9600);
    pinMode(LedPin, OUTPUT);   //设置为输出
    pinMode(buttonPin, INPUT);   //设置为输入
}
```

```
void loop( ) {
    buttonState = digitalRead( buttonPin) ;   //读取电平状态
    Serial. println( buttonPin) ;
    Serial. println( num) ;
    delay(300) ;
    if ( buttonState = = 0)    {
        num++;
        if( num%2 = =1)
    {
        digitalWrite( LedPin, HIGH) ;   //点亮灯
    }
        else
    {
        digitalWrite( LedPin, LOW) ;   //关闭灯
    }
    }
}
```

将程序烧录进 Jcble JuRa TinyML Kit 中,按下按键时,LED 灯会被点亮,再次按下按键时,LED 灯又会熄灭。

实验五
红外感应点亮 LED 灯

5.1 目的和要求

(1) 利用人体发出的红外线，借助热释电红外传感器实现对行人的探测。

(2) 在按键点亮 LED 灯的基础上，将按键替换成热释电红外传感器，可以通过红外感应开启 LED 灯。

5.2 设备和工具

序 号	名 称	数 量	备 注
1	Jcble JuRa TinyML Kit 套件	1	
2	USB 线、USB 转 Tpye-C	1	
3	直插 LED 灯	1	
4	直插电阻 1 kΩ	1	
5	热释电红外传感器	1	
6	杜邦线	若干	
7	面包板	1	
8	计算机	1	

5.3　实验步骤

（1）硬件电路连接

将 1 kΩ 电阻、LED 灯串联接入到 21 管脚（控制输出高低电平）以及 40 管脚（接地线）。需要注意的是，21 管脚映射的是 Jcble JuRa TinyML Kit 模组的 D10 管脚。

将热释电红外传感器供电接口接到 1 管脚（3.3 V 电源），输出接口接到 29 管脚（监测热释电模块输出的电平），底线接到 39 管脚（接地线）。29 管脚映射的是 Jcble JuRa TinyML Kit 模组的 D25 管脚。电路连接安装示意图如图 5.1 所示。

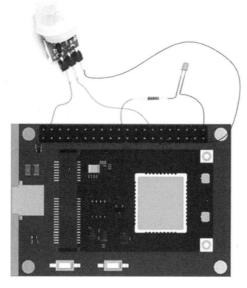

图 5.1　安装示意图

注意，应尽量避免灯光等干扰源近距离直射热释电模块表面的透镜，以免引进干扰信号产生误动作；使用环境应避免出现流动的风，因为风也会对感应器造成干扰。

（2）USB 转 Tpye-C 将 JuRa TinyML Kit 接入计算机

（3）打开 Arduino IDE，在界面输入如下代码

```
#include <Jcble_TinyUSB. h>//引用串口


int LedPin = 10；    //LED 灯的管脚映射
int buttonPin = 25；  //按键的管脚映射
int buttonState = 0；  //按键的状态
void setup( )
{
  pinMode( LedPin, OUTPUT)；  //设置为输出
```

```
    pinMode( buttonPin, INPUT );   //设置为输入
}


//一直循环
void loop( ) {
    buttonState = digitalRead( buttonPin );   //读取电平状态

    if ( buttonState == HIGH ) {
        digitalWrite( LedPin, HIGH );   //点亮灯
}
    else
{
        digitalWrite( LedPin, LOW );   //关闭灯
    }
}
```

将程序烧录进 Jcble JuRa TinyML Kit 中,当有人靠近热释电红外传感器时,LED 灯点亮,当人离传感器足够远时,LED 灯熄灭。

实验六

超声波测距

6.1 目的和要求

利用 Jcble JuRa TinyML Kit 套件配合 HC-SR04 超声波测距模块,设计一个无线测距仪。

6.2 工作原理

超声波发射器向某一方向发射超声波,在发射时开始计时,超声波在空气中传播,途中碰到障碍物便立即返回,超声波接收器一接收到反射波就立即停止计时。超声波在空气中的传播速度为 340 m/s,根据计时器记录的时间 t(秒),就可以计算出发射点距障碍物的距离 s,即 $s = 340 \times t/2$。

HC-SR04 超声波测距模块可提供 2~400 cm 的非接触式距离感测功能,测距精度可达 3 mm。测距模块测距过程如下:

①采用 IO 口 TRIG 触发测距,给最少 10 μs 的高电平信号。

②模块自动发送 8 个 40 kHz 的方波,自动检测是否有信号返回。

③有信号返回,通过 IO 口 ECHO 输出一个高电平,高电平持续的时间即为超声波从发射到返回的时间。

操作时序示意图如图 6.1 所示。

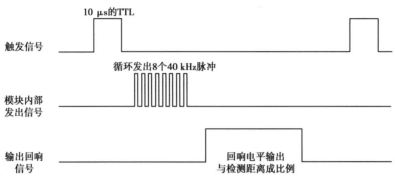

图 6.1　操作时序示意图

6.3　设备和工具

序　号	名　　称	数　量	备　注
1	Jcble JuRa TinyML Kit 套件	1	
2	USB 线、USB 转 Tpye-C	1	
3	HC-SR04 超声波测距模块	1	
4	杜邦线	若干	
5	面包板	1	
6	计算机	1	

6.4　实验步骤

（1）硬件电路连接

将超声波模块供电端 VCC（供电电压）接 2 管脚（5 V 电源），Trig 脚接 21 管脚（映射 D10），Echo 脚接 29 管脚（映射 25），底线接 40 管脚（接地线）。电路连接安装示意图如图 6.2 所示。注意，线路的连接一定要按要求操作，不能接反，否则会把测距模块烧坏。

（2）USB 转 Tpye-C 将 JuRa TinyML Kit 接入计算机

（3）打开 Arduino IDE，在界面输入如下代码

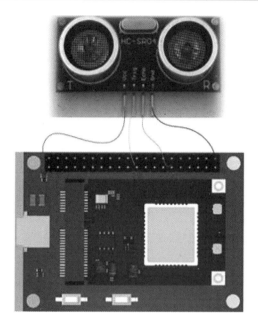

图 6.2　安装示意图

```
#include <Jcble_TinyUSB. h>//引用串口


int TrigPin = 10；   //TRIG 触发控制信号输入
int EchoPin = 25；   //ECHO 回想信号输出
float distance = 0；  //距离值,浮点数
void setup( ) {
  Serial. begin(9600);
  pinMode(TrigPin, OUTPUT)；  //设置为输出
  pinMode(EchoPin, INPUT)；  //设置为输入
  Serial. println("Ultrasonic sensor:");
}
void loop( ) {
  digitalWrite(TrigPin, LOW)；  //低电平
  delayMicroseconds(2)；      //延时 2 秒
  digitalWrite(TrigPin, HIGH)；  //高电平
  delayMicroseconds(10)；      //延时 10 秒
  digitalWrite(TrigPin, LOW)；  //低电平
  //计算
  distance =pulseIn(EchoPin, HIGH)/58.00;//测量高电平时间宽度
  Serial. print(distance);//将距离打印出来
  Serial. print("cm");//带上单位 cm
```

将程序烧录进 Jcble JuRa TinyML Kit 中,打开串口监视器,移动 Jcble JuRa TinyML Kit,可

以看到监视器界面显示出不同的距离值。串口监视器显示结果如图 6.3 所示。

图 6.3 串口监视器显示结果

实验七
振动监测

7.1 目的和要求

利用 Jcble JuRa TinyML Kit 套件,实现振动开关的检测功能。

7.2 工作原理

振动开关是能够检测器件振动的物体,其原理是内部含有导电珠子,器件一旦振动,珠子随之滚动,就能使两端的导针导通。可以根据这个原理自行设计一些小玩具,只要检测到振动,就发出报警。本实验将振动传感器与 LED 灯结合,当传感器检测到振动时,LED 灯亮起,停止振动时,LED 灯熄灭。

7.3 设备和工具

序　号	名　　称	数　　量	备　　注
1	Jcble JuRa TinyML Kit 套件	1	
2	USB 线、USB 转 Tpye-C	1	
3	直插 LED 灯	1	
4	直插电阻 1 kΩ	2	

续表

序　号	名　称	数　量	备　注
5	振动开关	1	
6	面包板	1	
7	计算机	1	

7.4　实验步骤

（1）硬件电路连接

将 1 kΩ 电阻、LED 灯串联接入到 21 管脚（控制输出高低电平）以及 40 管脚（接地线）。需要注意的是，21 管脚映射的是 Jcble JuRa TinyML Kit 模组的 D10 管脚。

将 1 kΩ 电阻、振动开关串联接入到 1 管脚（3.3 V 电源），29 管脚（监测按键电平）以及 39 管脚（接地线）。29 管脚映射的是 Jcble JuRa TinyML Kit 模组的 D25 管脚。电路连接安装示意图如图 7.1 所示。

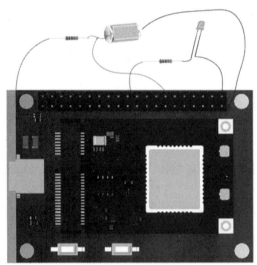

图 7.1　安装示意图

（2）USB 转 Tpye-C 将 JuRa TinyML Kit 接入计算机

（3）打开 Arduino IDE，在界面输入如下代码

```
#include <Jcble_TinyUSB. h>//引用串口

int LedPin = 10;    //LED 灯的管脚映射
int vibratePin = 25;    //振动开关的管脚映射
```

```
int vibrateState = 0;　//振动开关的状态

void setup( ) {
    // put your setup code here, to run once:
    pinMode(LedPin, OUTPUT);　//设置为输出
    pinMode(vibratePin, INPUT);　//设置为输入
  attachInterrupt(25, LED_Blink, RISING);
}

void LED_Blink( )
{
    vibrateState++;
}

void loop( ) {
//put your main code here, to run repeatedly:
  if(vibrateState! =0)　//如果 vibrateState 不是 0
{
    vibrateState = 0;　// vibrateState 值赋为 0
    digitalWrite(LedPin, HIGH);　//亮灯
    delay(500);
}
  else
{
    digitalWrite(LedPin, LOW);　//否则,关灯
}
}
```

将程序烧录进 Jcble JuRa TinyML Kit 中,当单片机附近产生一定的振动时,LED 灯将会被点亮,振动停止,LED 灯熄灭。

实验八
电压监测

8.1 目的和要求

利用 Jcble JuRa TinyML Kit 套件，实现电压监测功能。

8.2 设备和工具

序　号	名　　称	数　量	备　注
1	Jcble JuRa TinyML Kit 套件	1	
2	USB 线、USB 转 Tpye-C	1	
3	10 kΩ 的滑动电位器	1	
4	杜邦线	若干	
5	面包板	1	
6	计算机	1	

8.3 实验步骤

（1）硬件电路连接

将 10 kΩ 滑动电位器的 3 个引脚分别接到 1 管脚（3.3 V 供电）、18 管脚（A6），以及 40 管脚(接地线)。电路连接安装示意图如图 8.1 所示。

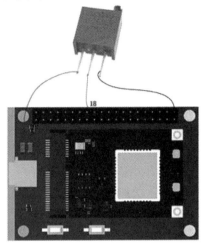

图 8.1 安装示意图

(2)USB 转 Tpye-C 将 JuRa TinyML Kit 接入计算机

(3)打开 Arduino IDE,在界面输入如下代码

```
#include <Jcble_TinyUSB. h>//引用串口

float voltage = 0;
void setup( ) {
  Serial. begin(9600);
}

void loop( ) {
    int sensorValue = analogRead( A6);   //读取 A6 引脚数据,属于模拟读入

    voltage = sensorValue * (3.3/1023.0);   //转化电压值,0~1023,对应的电压值为 0~3.3 V

    Serial. println( voltage);   //打印电压值
  }
```

将程序烧录进 Jcble JuRa TinyML Kit 中,打开串口监视器,可以监测到电压值,改变滑动电位器的电阻即改变电压值。串口监视器显示结果如图 8.2 所示。

虽然只是简单的测电压实验,但是电压值对于传感器数据的读取至关重要,后面的实验中使用各种传感器进行测量时,都是先把得到的数据转化成电压,再转化成需要的值。

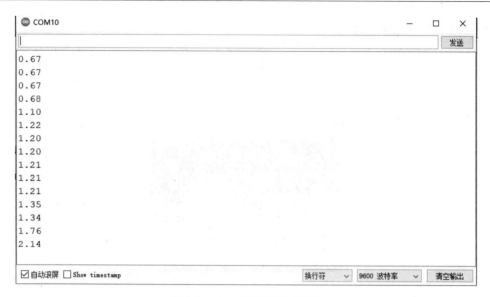

图 8.2　串口监视器显示结果

实验九
温度报警器

9.1 目的和要求

利用 Jcble JuRa TinyML Kit 套件,实现温度监测功能,当温度到达预先设定的限定值时,报警灯点亮。

9.2 工作原理

JuRa TinyML Kit 模拟引脚连接到一个 10 位 A/D 转换器上,输入 0~5 V 的电压(对应读到 0~1 023 的数值),每个读到的数值对应的都是一个电压值。此处读到的是温度的电压值,以 0~1 023 的方式输出。

从传感器中读到的电压值,其值介于 0~1 023 之间,将该值分成 1 024 份,再把结果除以5,映射到 0~5 V,因为 1 ℃对应于 10 mV(针对 LM35 温度传感器),需要再乘以 100 得到一个 double 型温度值,最后赋给 data 变量,即

$$data = (double) val×(5/10.24)$$

LM35 是一种常见的温度传感器,使用简便,不需要额外的校准处理就可以达到+1/4 ℃的准确率。图9.1所示为 LM35 温度传感器引脚示意图。

123

图 9.1　LM35 温度传感器引脚示意图
1—电源正极;2—输出;3—地

9.3　设备和工具

序　号	名　称	数　量	备　注
1	Jcble JuRa TinyML Kit 套件	1	
2	USB 线、USB 转 Tpye-C	1	
3	LM35 温度传感器	1	
4	LED 灯	1	
5	1 kΩ 电阻	1	
6	杜邦线	若干	
7	面包板	1	
8	计算机	1	

9.4　实验步骤

（1）硬件电路连接

将 1 kΩ 电阻、LED 灯串联接入到 21 管脚（控制输出高低电平）以及 40 管脚（接地线）。注意,21 管脚映射的是 Jcble JuRa TinyML Kit 模组的 D10 管脚。

将 LM35 温度传感器 1 号引脚接 2 管脚（5 V 供电）,2 号引脚接 18 管脚（A6）,3 号引脚接 39 管脚（接地线）。电路连接安装示意图如图 9.2 所示。注意,正负极不要接反,接反会导致温度传感器烧坏,如果接反了,不要用手直接触摸传感器,防止烫伤,发现接反后应立即拔掉 Tpye-C 接口。

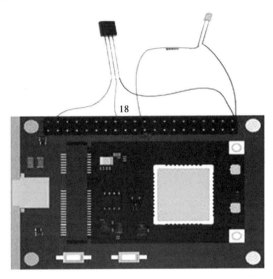

图9.2 安装示意图

(2)USB 转 Tpye-C 将 JuRa TinyML Kit 接入计算机

(3)打开 Arduino IDE,在界面输入如下代码

```
#include <Jcble_TinyUSB. h>//引用串口

int LedPin = 10；  //LED 灯的 管脚映射
int LM35Pin = A6；  //LM35 连到模拟口
intval；  //用于存储 LM35 读到的值
double data；  //用于存储已转换的温度值
unsigned long tepTimer ；  //记录时间

void setup( )
{
  Serial. begin(9600)；
  pinMode(LedPin, OUTPUT)；  // LED 引脚设置
}

// the loop routine runs over and over again forever：
void loop( )
{
  val=analogRead(LM35Pin)；  //从模拟口读值
  data = (double) val ∗ (5/10.24)；  // 得到电压值,通过公式换成温度
  if(data>30)
  {  //如果温度大于 30 ℃,LED 灯亮
```

```
        digitalWrite(LedPin, HIGH);    //点亮灯
    }
    else
    {   //如果温度小于 30 ℃,LED 灯灭
        digitalWrite(LedPin, HIGH);    //点亮灯
    }

    if(millis( ) - tepTimer > 500)
    {
        //每 500ms,串口输出一次温度值
        tepTimer = millis( );
        Serial.print("temperature:");   // 串口输出"温度"
        Serial.print(data);   // 串口输出温度值
        Serial.println("C");   // 串口输出温度单位
    }
}
```

将程序烧录进 Jcble JuRa TinyML Kit 中,打开串口监视器,可以直接从串口监视器界面读取温度值。尝试升高周围环境温度使传感器升温,可以在监视器界面很直观地看到温度有明显的变化。串口监视器显示结果如图 9.3 所示。

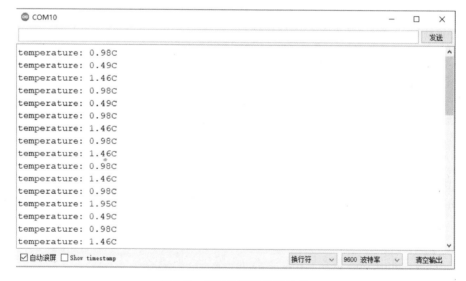

图 9.3 串口监视器显示结果

实验十
脉冲宽度调制

10.1　目的和要求

通过 Jcble JuRa TinyML Kit 认识脉冲宽度调制(PWM)。

10.2　工作原理

脉冲宽度调制(Pulse Width Modulation,PWM)用于将一段信号编码为脉冲信号(方波信号)。它是在数字电路中达到模拟输出效果的一种手段,即使用数字控制产生占空比不同的方波(一个不停地在开与关之间切换的信号)来控制模拟输出。要在数字电路中输出模拟信号,可以使用 PWM 技术实现。在单片机中,常用 PWM 驱动 LED 灯的暗亮程度、电机的转速等。

占空比是在一个调制周期内,某个信号持续的时间占这个时间段的百分比,可表示为

$$D = \frac{PW}{T} \times 100\%$$

其中,D 表示占空比;PW 表示脉冲宽度(调制周期中脉冲、高电平持续时间);T 表示一个调制周期。

占空比的大小可反映输出能量的高低。低占空比意味着输出的能量低,因为在一个周期内的大部分时间,信号处于"off"状态,如果 PWM 控制的负载为 LED 灯,则具体表现为 LED 灯很暗。高占空比意味着输出的能量高,在一个周期内的大部分时间,信号处于"on"状态,具体表现为 LED 灯比较亮。

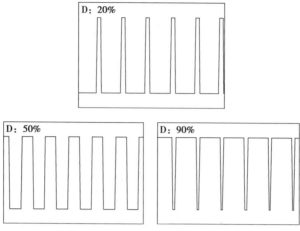

图 10.1 一个周期内的不同占空比

当占空比为 100% 时,表示"fully on",也就是在一个周期内,信号都处于"on"状态,具体表现为 LED 灯亮度到达 100%。占空比为 0% 时则表示"totally off",即在一个周期,信号一直处于"off"状态,具体表现为 LED 灯始终不亮。

脉冲宽度调制中的"宽度"不是指物体的宽度,而是高电平(有效电平)信号在一个调制周期中持续时间的长短,它可以用占空比进行衡量,占空比越大,脉冲宽度越宽。

10.3 设备和工具

序　号	名　　称	数　　量	备　注
1	Jcble JuRa TinyML Kit 套件	1	
2	USB 线、USB 转 Tpye-C	1	
3	滑动电位器 10 kΩ	1	
4	直插电阻 1 kΩ	1	
5	直插 LED 灯	1	
6	杜邦线	若干	
7	面包板	1	
8	计算机	1	

10.4 实验步骤

(1)硬件电路连接

将 10 kΩ 电位器的 3 个引脚分别连接到 5 V(管脚 2)、GND(管脚 39),以及 A1(管脚 20)

引脚,引脚21连接1 kΩ电阻,再连接LED正极,LED负极连接40管脚。通过调节电位器,使A1引脚的输入电压在0~5 V。在Arduino内置的数模转换功能作用下,该输入电压将被映射到介于0~1 023之间的数值。将这一数值除以4从而得到介于0~255之间的数值,这一数值将被用于调整引脚21上LED灯的亮度。电路连接安装如图10.2所示。

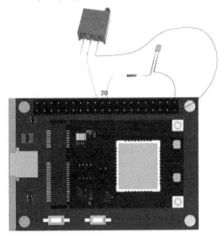

图10.2 安装示意图

(2)USB转Tpye-C将JuRa TinyML Kit接入计算机

(3)打开Arduino IDE,在界面输入如下代码

```
#include <Jcble_TinyUSB. h>//引用串口
    int ledPin = 10;
    //变量val用来存储模拟输入信号
    int val = 0;
    void setup( )
    {
      //将连接LED的引脚设置为输出模式
      pinMode(ledPin, OUTPUT);
    }

    void loop( )
    {
      //读取引脚A1的输入信号,并将该数值赋给变量val
      val = analogRead(A1);

      //将引脚AI读取的数值转换为0~255
      //并将该数值写入引脚3
      analogWrite(ledPin, val/4);
    }
```

将程序烧录进 Jcble JuRa TinyML Kit 中,调节滑动电位器的电阻即可改变 LED 灯的亮度。

本实验使用滑动变阻器达到 PWM 输出的效果,在实际程序设计中,也可以利用单片机上的各种功能达到输出能量的控制。在工程结构监测中,可以通过 PWM 输出,设计出随着结构振动大小的不同,预警灯闪烁程度不同的情况。读者也可自行设计其他应用场景。

实验十一
数码管

11.1 目的和要求

通过 Jcble JuRa TinyML Kit 认识数码管,便于读者对 Arduino 语言的管脚输入输出设置更清晰,为后面的工程结构监测基础实验作铺垫。

11.2 工作原理

数码管,类似于计算器可以显示数字,也是 LED 中的一种。数码管的每一段都是一个独立的 LED,一个数码管里有 8 个独立的 LED 灯。可通过数字引脚来控制相应段的亮灭从而达到显示数字的效果(图 11.1)。

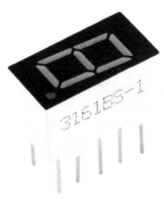

图 11.1 数码管示意图

数码管分为共阳数码管与共阴数码管,如图 11.2 所示。

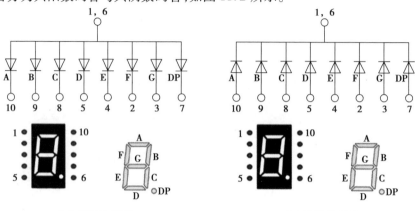

（a）共阳数码管   （b）共阴数码管

图 11.2 共阳和共阴数码管示意图

　　共阳数码管:将所有发光二极管的阳极接到一起形成公共阳极（COM）的数码管。共阳数码管在应用时应将公共极 COM 接到+5 V,当某一字段发光二极管的阴极为低电平时,相应字段点亮;当某一字段的阴极为高电平时,相应字段不亮。

　　共阴数码管:将所有发光二极管的阴极接到一起形成公共阴极（COM）的数码管。共阴数码管在应用时应将公共极 COM 接到地线 GND 上,当某一字段发光二极管的阳极为高电平时,相应字段点亮;当某一字段的阳极为低电平时,相应字段不亮。

11.3　设备和工具

序　号	名　称	数　量	备　注
1	Jcble JuRa TinyML Kit 套件	1	
2	USB 线、USB 转 Tpye-C	1	
3	共阳数码管	1	
4	计算机	1	

11.4　实验步骤

（1）硬件电路连接

考虑到实验的简便与安全性,可将连接方式简化,直接将数码管插入对应的接口即可。

（2）USB 转 Tpye-C 将 JuRa TinyML Kit 接入计算机

（3）打开 Arduino IDE,在界面输入如下代码

```
#include <Jcble_TinyUSB.h>//引用串口

//参考管脚映射表
#define A_PIN 16
#define B_PIN 28
#define C_PIN 26
#define D_PIN 10
#define E_PIN 15
#define F_PIN 20
#define G_PIN 18
#define DP_PIN 27

void setup( ) {
  // put your setup code here, to run once:
  //设置所有管脚为输出脚
  pinMode(A_PIN, OUTPUT);
  pinMode(B_PIN, OUTPUT);
  pinMode(C_PIN, OUTPUT);
  pinMode(D_PIN, OUTPUT);
  pinMode(E_PIN, OUTPUT);
  pinMode(F_PIN, OUTPUT);
  pinMode(G_PIN, OUTPUT);
  pinMode(DP_PIN, OUTPUT);
}

void loop( ) {

  //显示数字 0,也就是 A、B、C、D、E、F 脚亮起,其余脚熄灭
  ALL_LED_OFF( );//先将所有灯全部关闭
  digitalWrite(A_PIN, LOW);
  digitalWrite(B_PIN, LOW);
  digitalWrite(C_PIN, LOW);
  digitalWrite(D_PIN, LOW);
  digitalWrite(E_PIN, LOW);
  digitalWrite(F_PIN, LOW);
  delay(1000);//延时 1s

  //显示数字 1,也就是 B、C 脚亮起,其余脚熄灭
```

```
ALL_LED_OFF( );//先将所有灯全部关闭
digitalWrite( B_PIN, LOW);
digitalWrite( C_PIN, LOW);
delay( 1000);

//显示数字2,也就是A、B、G、E、D 脚亮起,其余脚熄灭
ALL_LED_OFF( );//先将所有灯全部关闭
digitalWrite( A_PIN, LOW);
digitalWrite( B_PIN, LOW);
digitalWrite( G_PIN, LOW);
digitalWrite( E_PIN, LOW);
digitalWrite( D_PIN, LOW);
delay( 1000);

//显示数字3,也就是A、B、G、C、D 脚亮起,其余脚熄灭
ALL_LED_OFF( );//先将所有灯全部关闭
digitalWrite( A_PIN, LOW);
digitalWrite( B_PIN, LOW);
digitalWrite( G_PIN, LOW);
digitalWrite( C_PIN, LOW);
digitalWrite( D_PIN, LOW);
delay( 1000);

//显示数字4,也就是B、G、F、C 脚亮起,其余脚熄灭
ALL_LED_OFF( );//先将所有灯全部关闭
digitalWrite( B_PIN, LOW);
digitalWrite( G_PIN, LOW);
digitalWrite( F_PIN, LOW);
digitalWrite( C_PIN, LOW);
delay( 1000);

//显示数字5,也就是A、F、G、C、D 脚亮起,其余脚熄灭
ALL_LED_OFF( );//先将所有灯全部关闭
digitalWrite( A_PIN, LOW);
digitalWrite( F_PIN, LOW);
digitalWrite( G_PIN, LOW);
digitalWrite( C_PIN, LOW);
digitalWrite( D_PIN, LOW);
```

delay(1000);

//显示数字 6,也就是 A、C、D、E、F、G 脚亮起,其余脚熄灭
ALL_LED_OFF();//先将所有灯全部关闭
digitalWrite(A_PIN, LOW);
digitalWrite(C_PIN, LOW);
digitalWrite(D_PIN, LOW);
digitalWrite(E_PIN, LOW);
digitalWrite(F_PIN, LOW);
digitalWrite(G_PIN, LOW);
delay(1000);

//显示数字 7,也就是 A、B、C 脚亮起,其余脚熄灭
ALL_LED_OFF();//先将所有灯全部关闭
digitalWrite(A_PIN, LOW);
digitalWrite(B_PIN, LOW);
digitalWrite(C_PIN, LOW);
delay(1000);

//显示数字 8,也就是 A、B、C、D、E、F、G 脚亮起,其余脚熄灭
ALL_LED_OFF();//先将所有灯全部关闭
digitalWrite(A_PIN, LOW);
digitalWrite(B_PIN, LOW);
digitalWrite(C_PIN, LOW);
digitalWrite(D_PIN, LOW);
digitalWrite(E_PIN, LOW);
digitalWrite(F_PIN, LOW);
digitalWrite(G_PIN, LOW);
delay(1000);

//显示数字 9,也就是 A、B、C、D、F、G 脚亮起,其余脚熄灭
ALL_LED_OFF();//先将所有灯全部关闭
digitalWrite(A_PIN, LOW);
digitalWrite(B_PIN, LOW);
digitalWrite(C_PIN, LOW);
digitalWrite(D_PIN, LOW);
digitalWrite(F_PIN, LOW);
digitalWrite(G_PIN, LOW);

```
    delay(1000);


}

//数码管所有 LED 灯关断
void ALL_LED_OFF(){
    digitalWrite(A_PIN, HIGH);
    digitalWrite(B_PIN, HIGH);
    digitalWrite(C_PIN, HIGH);
    digitalWrite(D_PIN, HIGH);
    digitalWrite(E_PIN, HIGH);
    digitalWrite(F_PIN, HIGH);
    digitalWrite(G_PIN, HIGH);
    digitalWrite(DP_PIN, HIGH);
}
```

将程序烧录进 Jcble JuRa TinyML Kit 中,即可看到数码管上依次显示从 0 ~ 9 这 10 个数字。

实验十二
三轴加速度计

12.1 目的和要求

通过 Jcble JuRa TinyML Kit 内置的三轴加速度计求得三轴的角度值。

12.2 工作原理

如果将加速度计水平静置,X、Y 轴方向的重力分量为 0,而 Z 轴方向的重力分量为 g(图 12.1)。当加速度计转动后,x、y、z 方向与水平线之间会有夹角,如图 12.2 所示。

基于图 12.2 中的夹角概念,它们的关系为:

$$\alpha = 90° - \alpha_1$$
$$\beta = 90° - \beta_1$$
$$\gamma = 90° - \gamma_1$$

g 在各轴上的分量为:

$$A_x = g \cdot \cos \alpha = g \cdot \sin \alpha_1$$
$$A_y = g \cdot \cos \beta = g \cdot \sin \beta_1$$
$$A_z = g \cdot \cos \gamma = g \cdot \sin \gamma_1$$

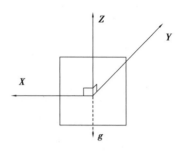

图 12.1　加速度计水平放置

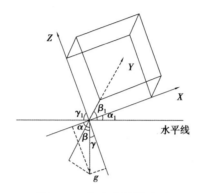

图 12.2　加速度计转动后

其中各垂直虚线上的分量大小为：

$$g \cdot \cos \alpha_1 = \sqrt{g^2 - A_x^2}$$

$$g \cdot \cos \beta_1 = \sqrt{g^2 - A_y^2}$$

$$g \cdot \cos \gamma_1 = \sqrt{g^2 - A_z^2}$$

根据立体几何的知识，g 相当于立方体的对角线，A_x，A_y，A_z 相当于 3 条边，则有 $g^2 = A_x^2 + A_y^2 + A_z^2$。根据以上公式可以得出加速度传感器值与角速度值(弧度)的关系，如下：

$$\tan \alpha_1 = \frac{A_x}{\sqrt{g^2 - A_x^2}} = \frac{A_x}{\sqrt{A_y^2 + A_z^2}}$$

$$\tan \beta_1 = \frac{A_y}{\sqrt{g^2 - A_y^2}} = \frac{A_y}{\sqrt{A_x^2 + A_z^2}}$$

$$\tan \gamma_1 = \frac{A_z}{\sqrt{g^2 - A_z^2}} = \frac{A_z}{\sqrt{A_x^2 + A_y^2}}$$

最后，通过弧度和角度的转换公式将弧度转化成角度。

12.3　设备和工具

序　号	名　称	数　量	备　注
1	Jcble JuRa TinyML Kit 套件	1	
2	USB 线、USB 转 Tpye-C	1	
3	计算机	1	

12.4　实验步骤

（1）USB 转 Tpye-C 将 JuRa TinyML Kit 接入计算机

（2）打开 Arduino IDE，在界面输入如下代码

```
#include <Jcble_TinyUSB. h>
#include <Jcble_ADXL350. h>

void setup( ) {
    Serial. begin( 9600 ) ;
    while( ! Serial ) ;
    Serial. println( "Started" ) ;

    //启动加速度传感器
    if( ! IMU. begin( ) ) {
        Serial. println( "Failed to initialize ADXL350!" ) ;Serial. flush( ) ;    while ( 1 ) ;
    }
}

void loop( ) {
    float accx, accy, accz;
    float angx, angy, angz;

    //读取加速度传感器数据,单位 g
    IMU. readAcceleration( accx, accy, accz ) ;
```

//加速度转换为角度

angx = atan(accx / sqrt(accy * accy + accz * accz)) * 180 / PI;

angy = atan(accy / sqrt(accx * accx + accz * accz)) * 180 / PI;

angz = atan(accz / sqrt(accx * accx + accy * accy)) * 180 / PI;

char data[128] = {0};

sprintf(data, " Acc %. 04f,%. 04f,%. 04f Ang %. 04f,%. 04f,%. 04f\r\n", accx, accy, accz, angx, angy, angz);

Serial. println(data);

//频率为<1Hz

delay(1000);

}

将程序烧录进 Jcble JuRa TinyML Kit 中,打开串口监视器,监视器显示结果如图 12.3 所示。

图 12.3　串口监视器显示结果

现有的测量三轴倾角的传感器多使用倾角仪进行测量,而本实验提供了另一个思路进行倾角测量,即使用单片机上的内置加速度计便可到达测量倾角的目的。这说明可以利用一些基础的传感器,通过程序设计实现其他结构监测的功能。

实验十三
拉线传感器

13.1 目的和要求

通过 Jcble JuRa TinyML Kit 认识拉线传感器的使用。

13.2 工作原理

拉线传感器又称为拉绳位移传感器、直线位移传感器、拉绳电子尺、拉线盒、拉绳编码器。其功能是把机械运动转换成可以计量、记录或传送的电信号。拉线传感器由可拉伸的不锈钢绳缠绕在一个有螺纹的转盘上,此转盘与一个精密旋转感应器连接在一起。感应器可以是增量编码器、绝对(独立)编码器、混合或导电塑料旋转电位计,也可以是同步器或解析器。

操作时,拉线传感器安装在固定位置上,拉绳缚在移动物体上。拉绳直线运动和移动物体运动轴线对准。运动发生时,拉绳伸展和收缩。一个内部扭簧保证拉绳的张紧度不变。带螺纹的转盘带动精密旋转感应器旋转,输出一个与拉绳移动距离成比例的电信号。测量输出信号可以得出运动物体的位移、方向或速率。拉绳位移传感器是直线位移传感器在结构上的精巧构成,它充分结合了角度传感器和直线位移传感器的优点,是一款安装尺寸小、结构紧凑、量程行程大(从一百毫米至十几米不等)、精度高的传感器。

电阻式拉线传感器将变动的机械形变转化为电阻值的变化,其原理如图 13.1 所示。

通过 Jcble JuRa TinyML Kit 套件实现对拉线传感器电压信号的采集,从而获得位移量。

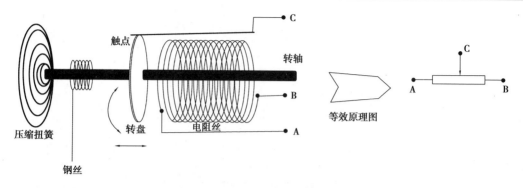

图 13.1　电阻式拉线传感器原理图

13.3　设备和工具

序　号	名　称	数　量	备　注
1	Jcble JuRa TinyML Kit 套件	1	
2	USB 线、USB 转 Tpye-C	1	
3	拉线传感器	1	
4	计算机	1	

13.4　实验步骤

（1）硬件电路连接

电路连接安装示意图如图 13.2 所示。

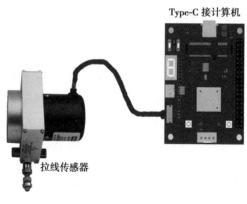

图 13.2　安装示意图

(2)USB 转 Tpye-C 将 JuRa TinyML Kit 接入计算机

(3)打开 Arduino IDE,在界面输入如下代码

```
#include <Jcble_TinyUSB. h>//引用串口
#include <Arduino. h>

float sensorvalue = 0; //应力计传感器值

void setup( ) {
  //初始化 USB 调试串口
  Serial. begin(9600);
}

void loop( ) {
  int rawvalue = analogRead(A4);//读取 A4 引脚数据,属于模拟读入

  float voltage = rawvalue * (3.6 / 1024.0);//转化电压值,0~1023,对应的电压值为 0~3.6 V

  float lengthValue = voltage * 500.0/3.0; //电压值转换长度值,3.0 V 对应 500 mm。
  char tmpbuf[128] = {0};
  sprintf(tmpbuf,"拉线长度 %.03f mm\n", lengthValue);
  Serial. println(tmpbuf);

  //周期2s循环读取显示
  delay(2000);
}
```

将程序烧录进 Jcble JuRa TinyML Kit 中,打开串口监视器,拉动不锈钢绳,监视器界面显示出拉线长度,如图 13.3 所示。

图 13.3　串口监视器显示结果

实验十四
应变计

14.1　目的和要求

（1）通过 Jcble JuRa TinyML Kit 认识应变计的使用。
（2）使用应变计对桥梁的表面进行应变监测。

14.2　工作原理

　　应变计又被叫作应变式传感器，是基于测量物体受力变形所产生的应变的一种传感器。其中，电阻应变片是应变计最常采用的传感元件，它是一种能将机械构件上应变的变化转换为电阻变化的传感元件。

　　电阻应变式传感器是一种用金属弹性体将力转换为电信号的功能元件。它通过粘贴在弹性体敏感表面的电阻应变计及其以一定方式组成的电桥电路，在外加电源的激励下，实现"力—应变—电阻—电信号"变化四个转换环节转化的一种力敏感传感器。

　　本实验通过采集应变得到的电压数据经公式转化成应变值，再进行放大，最后通过连接 Jcble JuRa TinyML Kit 输出应变值。

14.3 设备和工具

序 号	名 称	数 量	备 注
1	Jcble JuRa TinyML Kit 套件	1	
2	USB 线、USB 转 Tpye-C	1	
3	应变计	1	
4	应变放大器	1	
5	12 V 适配器	1	
6	线缆	若干	
7	计算机	1	

14.4 实验步骤

(1)硬件电路连接

电路原理图和电路连接安装示意图分别如图 14.1、图 14.2 所示。

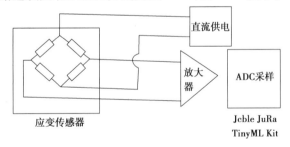

图 14.1 电路原理图

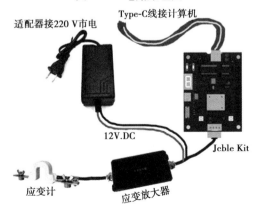

图 14.2 安装示意图

（2）USB 转 Tpye-C 将 JuRa TinyML Kit 接入计算机

（3）打开 Arduino IDE,在界面输入如下代码

```
#include <Jcble_TinyUSB.h>//引用串口

float sensorvalue = 0;//应变计传感器值
void setup( ) {
    Serial.begin(9600);
}
void loop( ) {
    analogReadResolution(12);
    int rawvalue = analogRead(A6);//读取 A0 引脚数据,属于模拟读入

    float voltage = rawvalue * (3.6 / 4095.0);
voltage *= 6.1;//分压比6.1    voltage -= 3.0;//偏值
    voltage *= 1000;//转换 mv

    float a = (1.15 * 100 * 5 / 3000) * 1;
    sensorvalue = voltage / a;

    char tmpbuf[128] = {0};
    sprintf(tmpbuf, "voltage %.03fmv, a %.03f, sensorvalue %.03f\r\n", voltage, a, sensorvalue);
    Serial.println(tmpbuf);//打印应变计值
    delay(2000);
}
```

将程序烧录进 Jcble JuRa TinyML Kit 中,打开串口监视器,对应变计进行拉压操作,可以看到电压值产生变化从而得出应变值,如图 14.3 所示。当应变计不动时,读数在 2 000 mV 左右是因为应变计有零点输出±0.2 V,也即在规定条件下,所加被测量为零时传感器的输出。

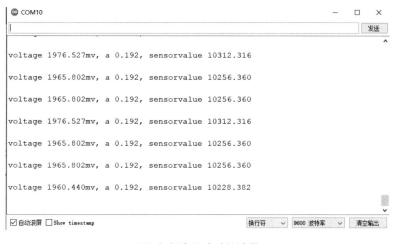

（a）应变计不动时的读数

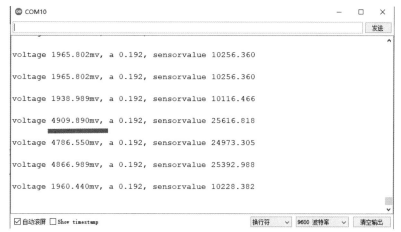

（b）应变计被拉伸时的读数

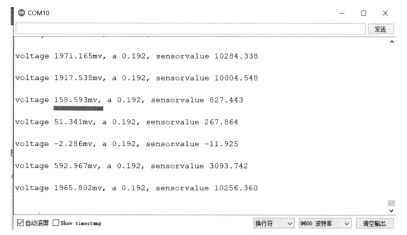

（c）应变计被压缩时的读数

图 14.3 串口监视器显示结果

实验十五
静力水准仪

15.1 目的和要求

通过 Jcble JuRa TinyML Kit 认识静力水准仪的使用。

15.2 工作原理

静力水准仪是依据"连通管原理"工作的——两端开口与大气相通的 U 形管注入液体后,液体在大气压力和重力的作用下,最终会保持在同一个水平面。测量出测点液位的变化,即可得到测点的位置变化。

根据上述原理,市面上出现了液位式静力水准仪和压差式静力水准仪。液位式水准仪通过测量每个测点液位变化的高度来计算沉降,而压差式静力水准仪通过计算不同测点间的液体压力变化量再除以液体的密度和重力加速度得到沉降值。

本实验所用仪器为压差式静力水准仪,是用压力传感器测量液体压力的变化量再除以液体的密度和重力加速度得到液位变化。因此各项关键指标高度依赖于压力传感器和计算的嵌入式微处理器及算法。压差式静力水准仪利用帕斯卡传递液体压力的原理,压力传感器检测的压力仅与整个系统中液面的最高位置有关,因此其体积可以做得非常小,便于安装使用。

静力水准仪的数据通过 Jcble JuRa TinyML Kit 上的 RS485 数据接口进行读取。RS485 采用差分信号负逻辑,+2 ~ +6 V 表示"0",-6 ~ -2 V 表示"1"。RS485 有两线制和四线制两种接线,四线制是全双工通信方式,两线制是半双工通信方式。

在 RS485 通信网络中一般采用的是主从通信方式,即一个主机带多个从机。在很多情况下,连接 RS485 通信链路时只是简单地用一对双绞线将各个接口的"A""B"端连接起来。

本实验采用了两台压力式静力水准仪,其中一台作为基准点,另外一台模拟沉降监测点。两台静力水准仪的数据通过 Jcble JuRa TinyML Kit 上的 RS485 接口逐一轮询读取,并展示出来。

15.3 设备和工具

序 号	名 称	数 量	备 注
1	Jcble JuRa TinyML Kit 套件	1	
2	USB 线、USB 转 Type-C	1	
3	静力水准仪	2	
4	储液箱	1	
5	12 V 适配器	1	
6	通气管	若干	
7	通液管	若干	
8	线缆	若干	
9	计算机	1	

15.4 实验步骤

(1)硬件电路连接

连接安装示意图如图 15.1 所示。

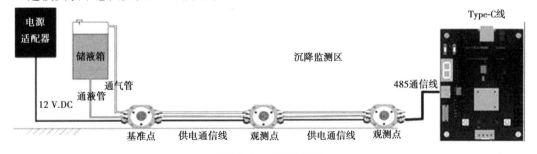

图 15.1 安装示意图

(2)USB 转 Type-C 将 JuRa TinyML Kit 接入计算机

(3)打开 Arduino IDE,在界面输入如下代码

#include <JcbleRS232. h> // JcbleModbus depends on the JcbleRS232 library

```
#include <JcbleModbus. h>
#include <Jcble_TinyUSB. h>

float level; //液位
float temperature; //温度

void setup( ) {

    //初始化 usb 调试串口
    Serial. begin(9600);
    while(! Serial);

    Serial. println("Jcble_TPA02 Leveling Instrument");

    //初始化 Modbus RTU client
    if(! ModbusRTUClient. begin(9600)) {
        Serial. println("Failed to start Modbus RTU Client!");
        while (1);
    }
}

void loop( ) {
    Serial. print("第一个水准仪");
    //发送保持寄存器读取请求,静力水准仪地址为 1, 从地址 0x00 开始读取 4 个寄存器
    if(! ModbusRTUClient. requestFrom(1, HOLDING_REGISTERS, 0x00, 4)) {
        Serial. print("failed to read registers! ");
        Serial. println(ModbusRTUClient. lastError());
    } else {
        /*
    如果请求成功,传感器将发送读数存储在保持寄存器中。read()方法可用于获取原
始液位和温度值
        */
        uint16_t rawlevel[2] = {0};
        uint16_t rawtemperature[2] = {0};

        //原始液位值
        rawlevel[0] = ModbusRTUClient. read();
        rawlevel[1] = ModbusRTUClient. read();
```

```
        //原始温度值
        rawtemperature[0] = ModbusRTUClient.read();
        rawtemperature[1] = ModbusRTUClient.read();

    //打印原始值信息
        char data[128];
        memset(data, 0, 128);
        sprintf(data, "rawlevel %04x%04x rawtemperature %04x%04x", rawlevel[0],
rawlevel[1], rawtemperature[0], rawtemperature[1]);
        Serial.println(data);

        char value[8] = {0};
        //原始值是 IEEE754 格式,高位在前,低位在后;转换为浮点数
        value[0] = rawlevel[1] & 0xff;
        value[1] = (rawlevel[1] >> 8) & 0xff;
        value[2] = rawlevel[0] & 0xff;
        value[3] = (rawlevel[0] >> 8) & 0xff;
        value[4] = rawtemperature[1] & 0xff;
        value[5] = (rawtemperature[1] >> 8) & 0xff;
        value[6] = rawtemperature[0] & 0xff;
        value[7] = (rawtemperature[0] >> 8) & 0xff;

        memcpy(&level, value, 4);
        memcpy(&temperature, value+4, 4);

    //打印液位值和温度值
        memset(data, 0, 128);
        sprintf(data, "level %.02fmm temperature %.02f", level, temperature);
        Serial.println(data);
    }

Serial.print("第二个水准仪");
    // 发送保持寄存器读取请求,静力水准仪地址为2,从地址 0x00 开始读取 4 个寄存器
    if(! ModbusRTUClient.requestFrom(2, HOLDING_REGISTERS, 0x00, 4)) {
        Serial.print("failed to read registers! ");
        Serial.println(ModbusRTUClient.lastError());
    } else {
```

```
    /*
    如果请求成功,传感器将发送读数存储在保持寄存器中。read()方法可用于获取原
始液位和温度值
    */
    uint16_t rawlevel[2] = {0};
    uint16_t rawtemperature[2] = {0};

    //原始液位值
    rawlevel[0] = ModbusRTUClient.read();
    rawlevel[1] = ModbusRTUClient.read();

    //原始温度值
    rawtemperature[0] = ModbusRTUClient.read();
    rawtemperature[1] = ModbusRTUClient.read();

//打印原始值信息
    char data[128];
    memset(data, 0, 128);
    sprintf(data, "rawlevel %04x%04x rawtemperature %04x%04x", rawlevel[0],
rawlevel[1], rawtemperature[0], rawtemperature[1]);
    Serial.println(data);

    char value[8] = {0};
    //原始值是 IEEE754 格式,高位在前,低位在后;转换为浮点数
    value[0] = rawlevel[1] & 0xff;
    value[1] = (rawlevel[1] >> 8) & 0xff;
    value[2] = rawlevel[0] & 0xff;
    value[3] = (rawlevel[0] >> 8) & 0xff;
    value[4] = rawtemperature[1] & 0xff;
    value[5] = (rawtemperature[1] >> 8) & 0xff;
    value[6] = rawtemperature[0] & 0xff;
    value[7] = (rawtemperature[0] >> 8) & 0xff;

    memcpy(&level, value, 4);
    memcpy(&temperature, value+4, 4);

    //打印液位值和温度值
    memset(data, 0, 128);
```

```
sprintf(data, "level %.02fmm temperature %.02f", level, temperature);
Serial.println(data);
}


//周期5s循环读取显示
delay(5000);
}
```

将程序烧录进 Jcble JuRa TinyML Kit 中,打开串口监视器,监视器结果显示如图 15.2 所示。图 15.2(a)所示为当两个静力水准仪水平放置一段时间,直到它们的数值趋于稳定时的液位值(液位值指的是静力水准仪中液面与储液罐液面的距离)。图 15.2(b)所示为将一号静力水准仪保持固定,抬高二号静力水准仪,等待一段时间后得到新的液位值,将新得的液位值与原先的相减,即可得到水准仪竖向移动的距离。

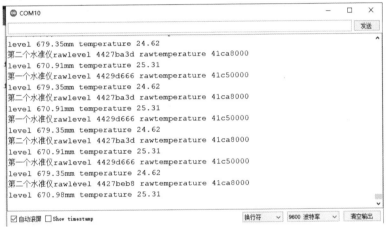

(a)两个静力水准仪水平放置时

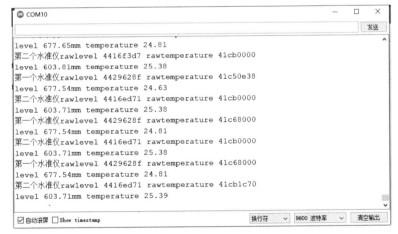

(b)二号水准仪抬高一段距离时

图 15.2　串口监视器结果显示

实验十六
数字图像法裂缝识别

16.1 目的和要求

（1）通过数字图像法 Matlab 处理实现裂缝边缘等特征提取。

（2）初步掌握如何通过图像处理对裂缝的特征进行识别。

（3）计算裂缝的面积、中轴线长度和裂缝的平均宽度（以像素为单位）。

16.2 工作原理

首先利用拍摄得到的结构表面照片，采用图像增强与降噪等工具，提升图像质量并减小噪声，消除阴影、大面积斑迹、不均匀光照的影响；接着将图像中的裂缝与其他背景、噪声等进行分割，完成图像灰度图、二值化图的转化并提取裂缝，对裂缝宽度、长度、间距、走向等参数进行计算分析；最后利用图像变形矫正与三维重建等技术实现对裂缝真实形态的还原，获得裂缝识别结果。

16.3 设备和工具

序　号	名　称	数　量	备　注
1	计算机	1	
2	相机	1	

16.4   实验步骤

（1）将 Crack.m 代码文件与所要识别的裂缝图像放在同一个文件夹中

图 16.1 所示为本实验所要识别的裂缝图像。

图 16.1   裂缝图像

Crack.m 文件代码如下：

* * *

```
clear;clc;                              % 清除当前工作区和命令行窗口的内容
pic = imread("Experiment16.jpg");       % 读取需要识别的图片
graypic = rgb2gray(pic);                % 对图片进行灰度处理
```

```
filtpic = medfilt2(graypic);                    % 中值滤波
bwpic = imbinarize(filtpic,0.1);                % 二值化
figure();imshow(graypic);
figure();imshow(filtpic);
figure();imshow(bwpic);
edge = edge(bwpic,'sobel');                     % 提取图片的边缘
figure();imshow(edge);
bwpic1 = imcomplement(bwpic);                   % 反色处理
area = imfill(bwpic1,'holes');                  % 填充
figure();imshow(area);
axis = bwmorph(bwpic1,'thin',inf);              % 提取图片的中轴线
figure();imshow(axis);
l = sum(sum(axis));                             % 计算中轴线长度
s = bwarea(area);                               % 计算裂缝面积
d = s/l;                                        % 计算裂缝平均宽度
% 将计算结果打印出来
fprintf('裂缝长度为%.0f 像素。\n',l);
fprintf('裂缝面积为%.0f 像素。\n',s);
fprintf('裂缝平均宽度为%.2f 像素。\n',d);
```

＊　　　＊　　　＊

（2）使用 Matlab 软件，打开并运行 Crack.m 文件

（3）观察裂缝处理各步骤的输出图像

裂缝处理输出图像包括灰度处理、中值滤波、二值化的输出结果。注意观察边缘提取与中轴线提取的结果，提取的像素线是否连续，核实裂缝平均宽度计算结果是否准确。

（4）尝试改变二值化参数，观察二值化图像有何改变

（5）撰写实验报告

第三部分
实例讲解

本书第二部分介绍了若干实验,这些实验初步展示了智能设备与土木工程结合的一些功能。本书第三部分将结合具体实例——三圣特大桥监测项目来讲解智能设备在土木工程监测中的应用。

1.1 桥梁概况

重庆三环高速公路合川至长寿段第 HC03 标段三圣特大桥起点位于重庆市北碚区静观镇九堰村,终点位于北碚区复兴镇歇马村。监测主桥为预应力混凝土连续刚构桥。主桥上部结构箱梁采用三向预应力混凝土结构,预应力钢束均采用低松弛高强度钢绞线。主桥下部结构主墩采用双薄壁空心墩,过渡墩采用薄壁空心墩。桥梁总览图如图1.1所示。

图1.1　桥梁总览图

1.2 监测内容

1)监测具体指标

根据项目实施的目标,就具体内容而言进行确定的监测指标有 3 类,即环境与作用、结构整体响应、结构局部响应等。环境与作用方面主要针对环境温湿度和地震动进行监测,采用温湿度传感器、加速度计;结构整体响应方面需要监测桥面线形、梁端纵向位移、主梁振动、桥墩倾角和结构温度,分别采用静力水准仪、位移计、加速度传感器、倾角仪和温湿度传感器进行监测;结构局部响应方面需要监测的是主梁应变和裂缝监测,采用应变传感器和裂缝计。

2)传感器选型

(1)温湿度传感器

温湿度传感器是集温度与湿度监测为一体的传感器,用于测量桥箱内部及表面的温度和湿度,本项目采用 JMWS-1D 型温湿度传感器,如图 1.2 所示。

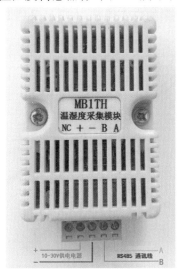

图 1.2　温湿度传感器

(2)加速度传感器

加速度传感器用于测量大桥主梁的振动情况,本项目采用 BY-S07 型加速度传感器,如图 1.3 所示。

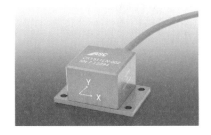

图 1.3　加速度传感器

(3)静力水准仪

静力水准仪用于测量大桥的动态线性变化,本项目采用 TPA03 型号静力水准仪,如图 1.4 所示。

图 1.4　静力水准仪

（4）应变传感器

应变传感器用于测量大桥主梁的应变情况，本项目采用 BY-DTA100 型应变传感器，如图 1.5 所示。

图 1.5　应变传感器

（5）位移传感器

位移传感器用于测量大桥伸缩缝的变形情况，本项目采用 Jmark-SRM5240-ELC-10c01a 型号位移传感器，如图 1.6 所示。

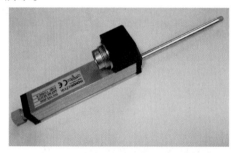

图 1.6　位移传感器

（6）裂缝计

裂缝计用于监测桥箱内已存在裂缝的变形情况，本项目采用 JMDL-2205AT 型号裂缝计，如图 1.7 所示。

图 1.7　裂缝计

（7）倾斜计

倾斜计用于监测桥墩的倾角变化情况，本项目采用 Jmark-SRM5240-EQC-03c 型号倾斜仪，如图 1.8 所示。

图 1.8　倾斜计

3) 测点布设

根据三圣特大桥结构监测的技术要求,综合考虑该桥的结构型式、监测指标和内容以及传感器本身的特点等,在进行监测部位的选择时,应遵循的主要原则如下:

①布设点应包括结构变形的主控制点。

②布设位置应覆盖最大应力分布及变化的位置、关键截面应力及变化较大的位置、加固节段。

③布设点应包括可对结构总体温度进行监控的控制点,以掌握箱梁结构温度分布特点。

④考虑加固节段整体与局部响应控制及病害演变情况。

⑤避免传感器的布设冗余,优化传感器布设,遵循简单经济的原则。

⑥设备布置及走线遵循方便维护的原则。

根据以上原则得出测点布置示意图(分右幅和左幅),如图 1.9 和图 1.10 所示。

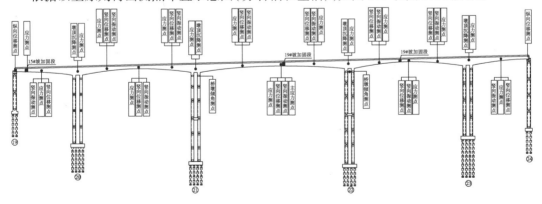

图 1.9　测点布置示意图(右幅)

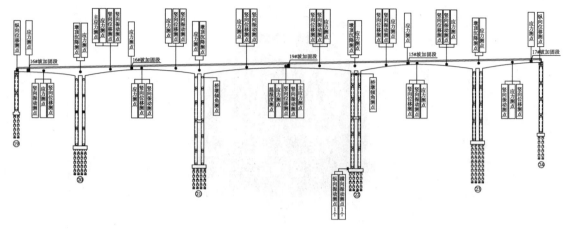

图 1.10　测点布置示意图(左幅)

1.3　桥梁健康监测与评估云平台

　　在对已有的桥梁资料进行深入分析的基础上,再结合上述各种监测内容和检测报告,建立桥梁结构健康监测与云评估系统,实现桥梁结构运营管理与预警评估的智能化,提高道路交通安全运营水平和运行效率,提高交通基础设施服务水平,为桥梁管理部门应对突发事件提供数据支撑。建立桥梁健康监测与云评估系统,其具体目标如下:

　　①根据桥梁结构力学性能特点,结合检测、现场勘察结果,确定该桥的监测内容及指标,并根据监测指标的特征对监测设备进行有针对性的选型,从而为结构监测、安全预警及状态评估等提供可靠、全面的数据。

　　②科学评估加固效果,监测加固节段受力以及桥梁整体的受力情况,从而对加固效果及运营过程中的结构状态进行评估。三圣特大桥加固是被动加固,了解其具体加固受力效果对桥梁的养护具有指导性意义。

　　③结构出现异常信息时,系统自动进行分级预报警,在监控中心以声音以及警示灯(屏幕警示)方式进行报警,并通过短信方式将信息及时转达给相关管理人员,从而保障桥梁交通安全。

　　④对桥梁进行损伤识别及状态评估,为桥梁运营管理部门提供养护决策依据,使桥梁的运营养护方案等更加合理,有效延长桥梁的运行寿命。

　　⑤合理配置桥梁养护维修资源,为降低桥梁运营维护成本提供科学技术依据,保证桥梁检查维修策略制定具有针对性、及时性和高效性。

　　⑥为科学研究提供数据支撑,通过对桥梁的监测获取结构应变的原始数据,为相关的科学研究提供相关数据和分析服务。

　　重庆长(寿)合(川)高速三圣桥健康监测与评估云平台界面如图 1.11 所示。

图 1.11 三圣特大桥健康监测与评估云平台界面

三圣特大桥健康监测与评估云平台包括总览、综合监测、安全预警、基础信息、数据分析、仿真预测、状态评估、统计报表、巡检养护和控制台等十个选项。

(1)总览

在总览界面可以看到三圣特大桥的总体概况,左下角可以看到所有传感器的在线率、桥梁的健康监测评分、桥梁的检查评分和测点预警的个数,如图 1.12 所示。

图 1.12 总览界面

(2)综合监测

在综合监测界面可以查看各测点的三视图(图 1.13),并且还能查看各个测点所安装传感器的状态。选择特定的传感器时,还能查看它的近期数据曲线(图 1.14),并且平台会每隔 1 h 记录一次传感器的数据,形成数据表格(图 1.15)。

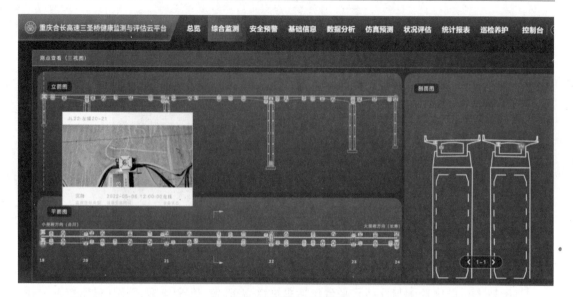

图 1.13　测点三视图

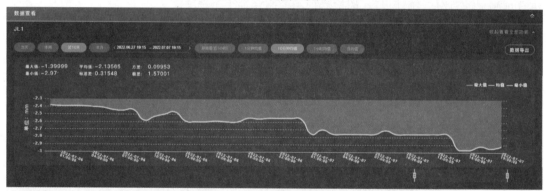

图 1.14　数据查看

时间	传感器编号	监测指标	处理方式	最大值	最小值	平均值
2022-07-07 19:00:00	JL1	沉降	10分钟均值	-2.92001	-2.92001	-2.92001
2022-07-07 18:00:00	JL1	沉降	10分钟均值	-2.95001	-2.95001	-2.95001
2022-07-07 17:00:00	JL1	沉降	10分钟均值	-2.92001	-2.92001	-2.92001
2022-07-07 16:00:00	JL1	沉降	10分钟均值	-2.97	-2.97	-2.97
2022-07-07 15:00:00	JL1	沉降	10分钟均值	-2.97	-2.97	-2.97
2022-07-07 14:00:00	JL1	沉降	10分钟均值	-2.76999	-2.76999	-2.76999
2022-07-07 13:00:00	JL1	沉降	10分钟均值	-2.76001	-2.76001	-2.76001
2022-07-07 12:00:00	JL1	沉降	10分钟均值	-2.76001	-2.76001	-2.76001
2022-07-07 11:00:00	JL1	沉降	10分钟均值	-2.76001	-2.76001	-2.76001
2022-07-07 10:00:00	JL1	沉降	10分钟均值	-2.76001	-2.76001	-2.76001

共22页，共214条记录　　　　　　　　　　　　　　　1　2　3　4　…　22　>

图 1.15　数据表格

（3）安全预警

安全预警界面记录了监测期间发生的预警事件,包括每个预警事件的预警级别、预警时间、预警类型、预警阈值和预警内容,方便相关人员及时处理预警事件。监测人员还可以进入预警设置界面,修改各个测点预警阈值。预警列表和预警设置的界面分别如图 1.16、图 1.17所示。

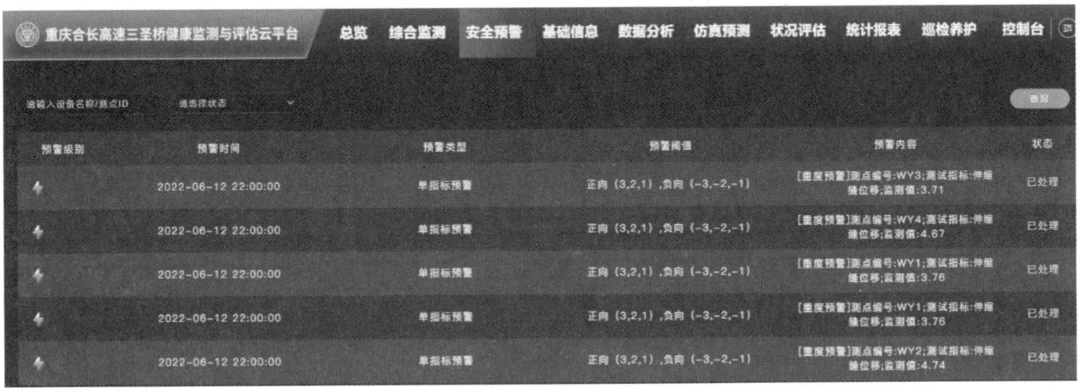

图 1.16　预警列表

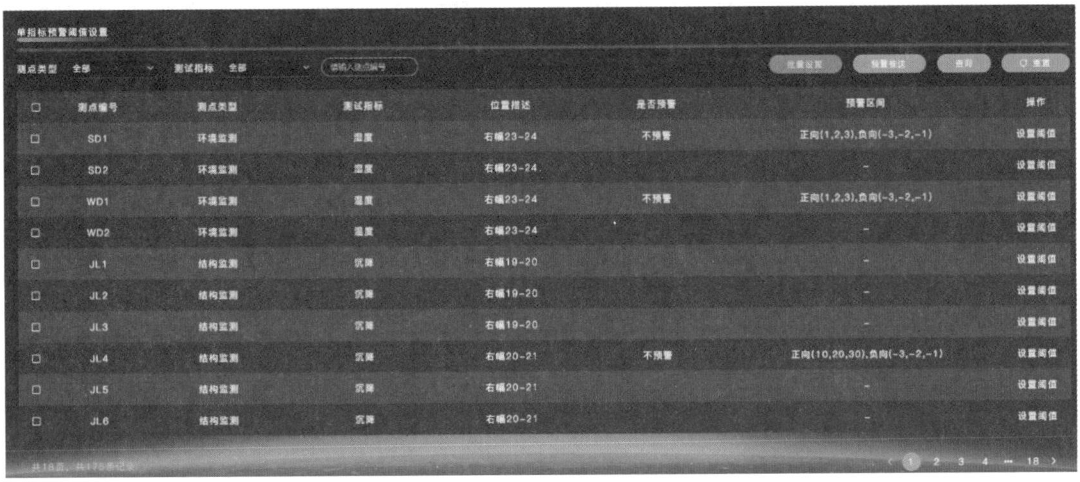

图 1.17　预警设置

（4）基础信息

在基础信息界面可以看到桥梁概况、桥梁资料、建设情况、月度报告、年度报告等信息,如图 1.18 所示。

（5）数据分析

数据分析模块是该健康监测与评估云平台最重要的一个模块,监测的采集数据按照数理统计的方法计算相应时间段内的极值、平均值、有效值、均方值、方差、标准差等,计算结果作为初级预警的输入及评估模块调用,并向数据显示模块传送,同时存入处理后数据库中。预处理采用的方法及作用具体如下:

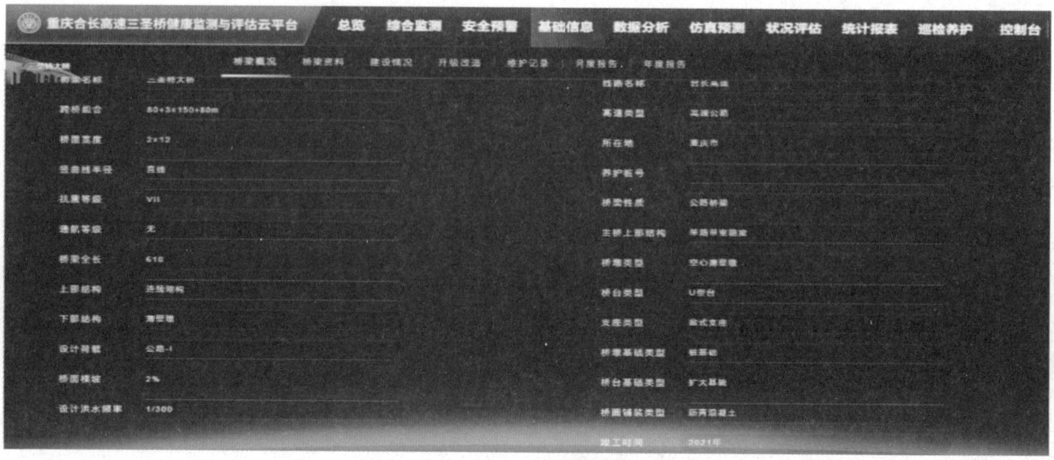

图 1.18　基础信息

①极值:求出各个桥梁监测参数的最大值和最小值,可以查看数据是否有异常值。通过分析每个桥梁参数值的局部方差的变化趋势,可以部分反映桥梁结构的变化,进行健康状况的监测。

②平均值:桥梁监测系统所获得的数据受很多方面因素(如天气、桥梁的荷载、监测系统的运行情况等)的影响,有时单个变量的值不能反映桥梁当时的状况,于是以桥梁结构参数或环境参数在不同的时间单位的平均值作为研究对象,这样就可以平滑数据,减小各种因素的影响。平均值由很多条记录计算而来,更符合统计规律。

③有效值:时变量的瞬时值在给定时间间隔内的均方根值。对于周期量,其时间间隔为一个周期。

④标准方差:数据的标准方差是数据的一个重要数字特征,它反映了数据的离散程度。在数据规范化处理的过程中,要利用标准方差和平均值计算数据的规范值。

该平台数据分析界面有时域统计值、准静态时域统计值、频域分析、温度效应提取、趋势分析、相关性分析和动位移分析。

时域统计值界面可以选择想查看的测点类型和改变想要看的测点指标,还能绘制出各个测点的基线校正图和原始数据图,如图 1.19、图 1.20 所示。

图 1.19　测点类型和指标的选择

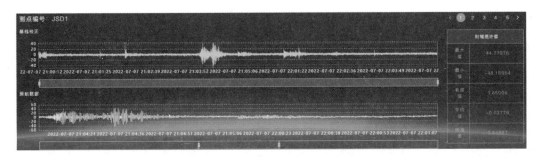

图 1.20　基线校正图和原始数据图

　　准静态时域统计值界面监测的测点类型只有结构监测,测试指标可以选择应变、裂缝和倾角。除基线校正图和原始数据图以外,该界面还绘制出了各测点的准静态效应图和动态响应项,如图 1.21 所示。

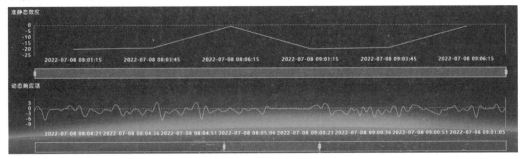

图 1.21　准静态效应和动态响应项

　　桥梁监测数据中动态响应数据的频域分析目标是进行响应成分能量集中段的考究,且可评估优势频率与结构自振频率之间的关联程度,这里采用长时间平均功率谱的方法进行,即根据采用频率选取一定数据点的范围作用短时功率谱计算的单元,然后通过不低于 5 次的平滑分析,确定长时平均功率谱。在频域分析界面,可以对结构进行监测,也可以对荷载进行监测。测点类型选择结构监测,测试指标选择加速度时,可以得到各测点的信号时程曲线和平均功率谱曲线(图 1.22)。测点类型选择荷载监测,测试指标选择地震动时,也可以得到相应的曲线(图 1.23)。

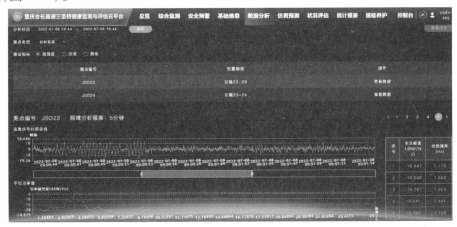

图 1.22　加速度时程曲线和平均功率谱曲线

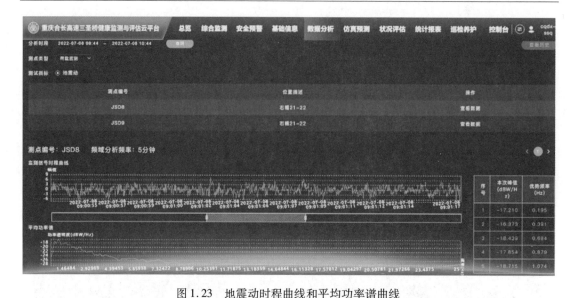

图 1.23　地震动时程曲线和平均功率谱曲线

在温度效应提取界面可以查看监测数据的温度效应提取结果,如图 1.24 所示。

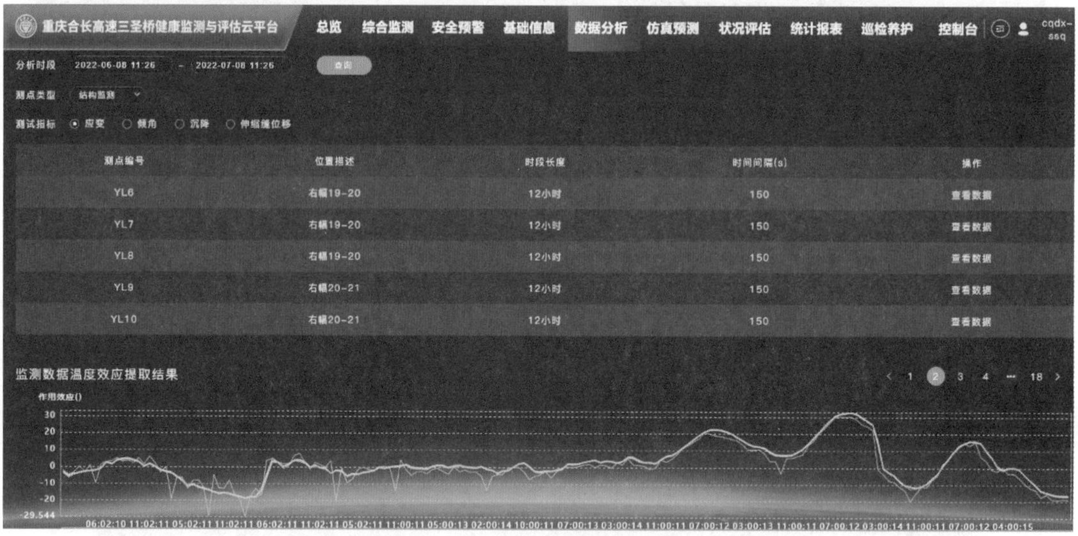

图 1.24　温度效应提取界面

对桥梁健康监测系统中长期积累下来的大量等时间间隔的时序数据进行趋势分析,可以挖掘出被监测结构参数和环境参数之间的关系,发现桥梁结构参数与环境参数的异常变化,为验证数据采集设备的可靠性提供科学依据。在趋势分析界面,可以看到应变的趋势分析数据和相应的趋势分析结果,如图 1.25 所示。

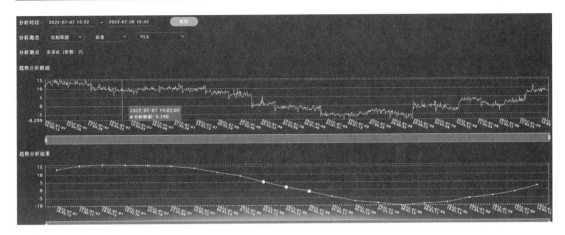

图 1.25　趋势分析

相关性分析主要分为两个方面:一是作用与作用效应之间的相关性,主要是指车辆作用与车辆荷载引起的作用效应之间的相关性、温度与温度作用效应之间的相关性;二是指关联测点之间的相关性。相关性分析主要采用时间序列相关性分析进行。在相关性分析界面可以看到测点静态数据的时程曲线和基线校正后动态及振动的时程曲线,如图 1.26、图 1.27所示。

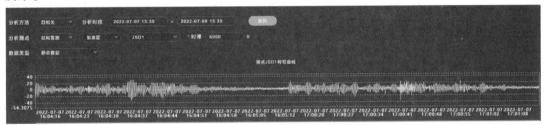

图 1.26　静态数据时程曲线

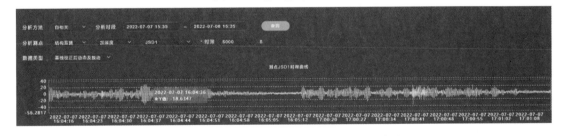

图 1.27　基线校正后动态及振动数据时程曲线

在动位移分析界面可以看到各加速度测点的加速度信号和动位移信号,如图 1.28 所示。

(6)仿真预测

该监测平台配置了在线仿真模块。它基于传感器的监测数据,并结合仿真分析和机器学习技术,综合分析结构物的整体健康评估,实现以真实数据驱动数字模型的数字孪生,根据监测结果不定时在线更新模型。在仿真预测的效应预测界面,可以看到平台对伸缩缝位移的预测(图 1.29);在模态分析界面,平台结合理论分析结果,把采集到的结构振动测试信号进行分析,从中获取结构的模态参数,主要包含结构的频率、振型和阻尼比(图 1.30);在线仿真界面展示了三圣桥在自重荷载、温度荷载和地震荷载的条件下的内力云图、位移云图和应力云图（图1.31）。

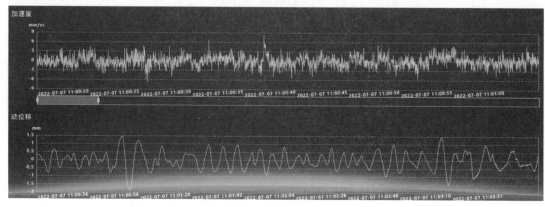

图1.28　加速度数据和动位移数据

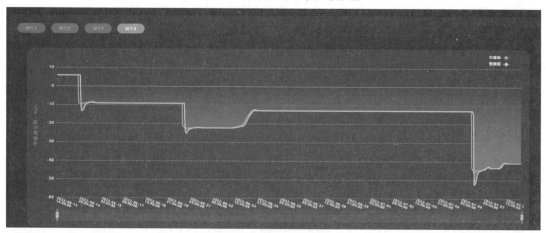

图1.29　伸缩缝位移预测

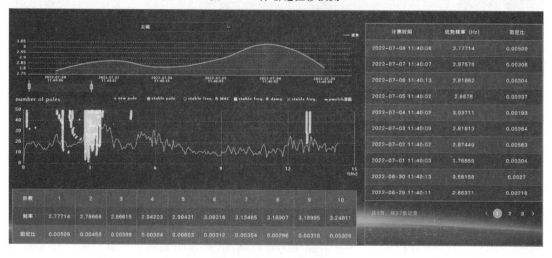

计算时间	优势频率（Hz）	阻尼比
2022-07-08 11:40:06	2.77714	0.00509
2022-07-07 11:40:07	2.87576	0.00308
2022-07-06 11:40:13	2.81862	0.00304
2022-07-05 11:40:02	2.8878	0.00337
2022-07-04 11:40:02	3.03711	0.00193
2022-07-03 11:40:09	2.81813	0.00364
2022-07-02 11:40:02	2.87449	0.00563
2022-07-01 11:40:03	1.76858	0.00304
2022-06-30 11:40:13	3.58158	0.0027
2022-06-29 11:40:11	2.66371	0.00216

共3页，共27条记录　　1　2　3

阶数	1	2	3	4	5	6	7	8	9	10
频率	2.77714	2.78666	2.86615	2.94203	2.99431	3.09316	3.13465	3.18907	3.18995	3.24811
阻尼比	0.00509	0.00458	0.00389	0.00384	0.00603	0.00312	0.00354	0.00296	0.00318	0.00329

图1.30　模态分析界面

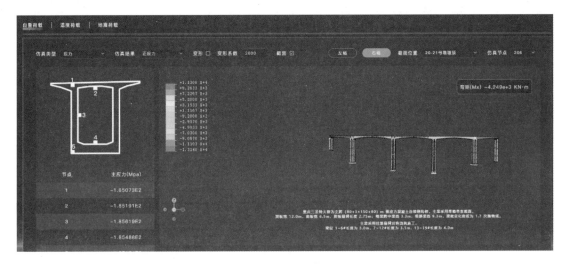

图 1.31　在线仿真界面

（7）状况评估

通过对桥梁进行检测/监测得到各类参数值,将这些参数值与桥梁安全状况等级中的预警值进行比较,考察其所处安全等级范围,进而判定桥梁的安全等级,对桥梁状态进行评估打分。状态评估界面如图 1.32 所示。

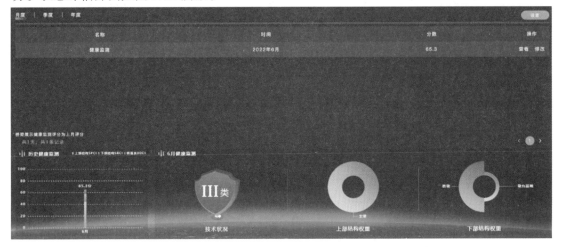

图 1.32　状态评估界面

（8）统计报表

在统计报表界面可以看到各个测点每日或者每月的数据最大值和最小值以及发生的时间,如图 1.33 所示。

统计报表										
日统计	月统计	‹ 2022-07-08 ›	监测统计	查看历史报表›					报表导出	报表打印

三圣特大桥-桥梁健康监测统计-日报表
2022年07月08日

全部监测项数量	10		荷载类监测项数量	2		结构类监测项数量	6		环境类监测项数量	2
全部监测点数量	173		荷载类监测点数量	6		结构类监测点数量	163		环境类监测点数量	4

项目类别	监测指标	单位	测点名称	实测数值				统计特征	
				最大值	发生时间	最小值	发生时间	平均值	方差
环境类监测	湿度	RH	SD1	71.7	2022-07-08 06:00:02	34.6	2022-07-08 18:00:03	53.2083	137.3469
	湿度	RH	SD2	46.8	2022-07-08 12:00:05	39.1	2022-07-08 18:00:03	43.4333	4.7954
	温度	℃	WD1	39.7	2022-07-08 18:00:00	29.3	2022-07-08 06:00:02	34.2417	12.2278
	温度	℃	WD2	37.9	2022-07-08 04:00:00	36.5	2022-07-08 14:00:04	37.55	0.1356
	沉降	mm	JL1	-2.86	2022-07-08 01:00:00	-3.32	2022-07-08 23:00:00	-3.0863	0.0163
	沉降	mm	JL2	-2.92	2022-07-08 11:00:00	-4.64	2022-07-08 19:00:00	-3.7708	0.3136
	沉降	mm	JL3	-8.24	2022-07-08 12:00:00	-10.14	2022-07-08 07:00:00	-9.0504	0.2584
	沉降	mm	JL4	-5.59	2022-07-08 00:00:00	-7.34	2022-07-08 11:00:00	-6.4471	0.3487

图 1.33　统计报表界面

（9）巡检养护

在巡检养护界面,相关人员可以把日常巡检、定期检查、特殊检测、荷载试验和桥梁养护相关内容记录之后上传到云平台,以供随时翻看查阅。巡检养护界面如图 1.34 所示。

图 1.34　巡检养护界面

（10）控制台

在控制台界面可以看到各测点的数据处理是如何设置的,以及测点的具体信息,还能修改数据分析处理的内容,如图 1.35、图 1.36 所示。

图 1.35　测点信息

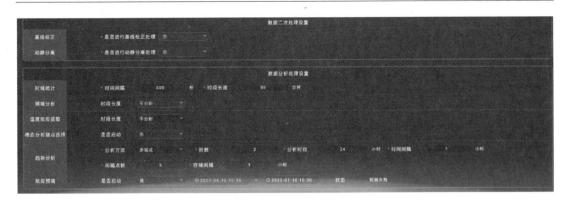

图 1.36　数据分析处理

参考文献

［1］孟表柱,朱金富. 土木工程智能检测智慧监测发展趋势及系统原理［M］. 北京:中国质检出版社,2017.

［2］白小红. 光纤光栅超声波传感器设计制作与性能优化研究［D］. 西安:西北大学,2021.

［3］Webb D. J. ,Surowiec J. ,Sweeney M. ,et al . Miniature fiber optic ultrasonic probe［J］. Proceedings of SPIE-The International Society for Optical Engineering, 1996, 2839: 76-80.

［4］周必峰. 基于分布式长标距 FBG 的预应力混凝土梁性能评估研究［D］. 南京:东南大学,2011.

［5］姜洋. 基于光纤光栅的超声波检测系统的研究［D］. 厦门:厦门大学,2013.

［6］杨曦凝,王维,陈浩然,等. 光纤光栅传感器在复合材料中的健康监测技术［J］. 交通科技与经济,2014,16(3):125-128.

［7］Zhao Y,Zhu Y N,Yuan M D,et al. A laser-based fiber Bragg grating ultrasonic sensing system for structural health monitoring［J］. IEEE Photonics Technology Letters,2016,28 (22):2573-2576.

［8］田素辉. 光纤光栅倾角传感器的设计与智能检测［D］. 昆明:昆明理工大学,2016.

［9］张雷达. 应变光纤 Bragg 光栅传感器的研制及工业应用［D］. 济南:山东大学,2020.

［10］张国强. 基于声发射技术的颗粒粒径在线监测研究［D］. 北京:华北电力大学(北京),2021.

［11］袁梅,陈林,董韶鹏. 声发射信号分析与数字信号处理实验设计［J］. 电气电子教学学报,2021,43(2):139-143+152.

［12］沈功田. 声发射检测技术及应用［M］. 北京:科学出版社,2015.

［13］沙飞. 压电传感器应力/应变传感特性及其在混凝土监测中的应用［D］. 济南:济南大学,2014.

［14］李兰英,韩剑辉,周昕. 基于 Arduino 的嵌入式系统入门与实践［M］. 北京:人民邮电出版社,2020.

［15］黄明吉,陈平. Arduino 基础与应用［M］. 北京:北京航空航天大学出版社,2019.